你在为谁读书④

NI ZAI WEI SHUI DUSHU

青少年抗挫力修炼

余闲 著

长江出版传媒 | 长江少年儿童出版社

你在为谁读书 4

青少年抗挫力修炼（全新升级版）

余闲 著

图书在版编目（CIP）数据

青少年抗挫力修炼：全新升级版 / 余闲著 . — 武汉：长江少年儿童出版社，2021.7
（你在为谁读书；4）
ISBN 978-7-5721-0556-2

Ⅰ . ①青… Ⅱ . ①余… Ⅲ . ①幸福—青少年读物
Ⅳ . ① B82-49

中国版本图书馆 CIP 数据核字（2020）第 100102 号

出 品 人：何　龙
总 策 划：姚　磊
项目策划：胡同印
责任编辑：梅　倩
美术编辑：彭　哲　曹　珍
排版制作：方　莹
封面绘画：张　蕾
责任校对：邓晓素
责任督印：邱　刚

出版发行：长江少年儿童出版社（集团）有限公司
社　　址：武汉市雄楚大街 268 号出版文化城爱立方大楼　**邮政编码：**430070
业务电话：（027）87679174　（027）87679786　**电子邮箱：**cjcpg_cp@163.com
网　　址：http://www.cjcpg.com

承 印 厂：湖北新华印务有限公司　**经销：**新华书店湖北发行所

开本：680 毫米 × 980 毫米　1/16　**印张：**13.5
版次：2021 年 7 月第 1 版　**印次：**2021 年 7 月第 1 次印刷
字数：200 千字

书号：ISBN　978-7-5721-0556-2　**定价：**28.00 元

“翻开本书，修炼最强大的心灵！合上本书，成就最幸福的自己！”

内容提要

本书是《你在为谁读书》系列的第四部，承接了前三部的故事情节。

当代青少年面临学业、情感、就业的重重包围：成绩不佳，于是郁闷；缺乏动力，于是空虚；看不清前路，于是迷茫；考试高压，于是焦虑……于是会追问：读书到底为了什么？有先哲说，为了幸福。那么，什么是幸福？如何才能幸福？

杨略的爸爸身患绝症，感悟出收获幸福的关键就是修炼抗挫力，于是开发了一套软件，带着杨略进入神奇的醒客世界，开始了十堂修炼抗挫力的课程。

他们穿梭时空，亲历巨鹿之战、甲午战争，窥探朝代更迭、政治演进，见证地球演化、复活节岛盛衰，洞悉资源危机、生态困境，也游历了未来的城市与乡村。他们纵横千古，与孔子、苏东坡、曾国藩、亚当·斯密、梭罗、凡·高等世界伟人亲密互动，畅谈古今，妙解人生，其金玉良言让杨略受益匪浅。

这次奇幻之旅使杨略懂得，抗挫力源于内心的强大，珍视天赋，发挥潜能，自强自律，永葆进取的动力；抗挫力源于对人与社会的认知，正视竞争，用博爱仁厚传播正能量，用理性的心态面对挑战；抗挫力源于精神境界的提升，敬畏生灵，道法自然，诗意栖居，由此获得富足而宁静的心灵。

杨略深受启发，懂得了幸福的真意、时代的需求，也懂得了如何修炼身心，如何融入社会。那么，他的爸爸能否战胜病魔呢？

《你在为谁读书》系列

精 彩 回 放

《你在为谁读书 1 · 一位 CEO 给青少年的礼物》

杨略是个八年级的学生，却没有感觉到升学的压力，一如既往地浑浑噩噩，成绩不尽如人意，时好时坏，与他的认真程度成正比，是个典型的脑子聪明而不愿用功的孩子。

暑假里的一天，他收到一封神秘来信，署名“倪甫清”。信中的一段话，让他心头一震：

年轻人，你年方十六，正是初升的太阳，充满着希望。你是要去高远的天空中放射光芒，给人间以无限的温暖；还是仅仅在地平线上悠游，不思进取，浪费时光？

他不由得想，我真的甘心一事无成，了此残生吗？如果真的是这样，我们在世界上生活，到底有什么意义呢？他决定改过自新。同时心里又满是疑惑，这倪甫清到底是谁呢？

神秘的来信每个月初都准时翩然而至，谈理想、谈意志、谈爱心、谈兴趣等，一共十封信，且对杨略的一举一动明察秋毫。这十封神奇的来信，旁征博引，引经据典，有理有据，杨略的内心深为震撼，决定奋发向上。杨略按照信中教给他的方法潜心修炼，最后竟成了品学兼优的好孩子。

在第十一封信中，杨略得知倪甫清就是“你父亲”的谐音。原来爸爸忙于工作，平时父子很少沟通，因此想到了用神秘来信的方法，给儿子以帮助。这令杨略非常感动。

《你在为谁读书 2 · 青少年人生规划》

进入高中以后，杨略努力学习，成绩进步显著，但不幸遭遇了一场车祸，让他陷入迷茫：既然人生充满意外，又很短暂，那么努力和享乐又有什么区别？此时，他的父亲开始慢慢告诉他人生的意义。从这里开始，众多人物陆续登台。

凌霄、余振、楚当当都有自己的爱好：凌霄爱电脑，余振想经商，楚当当迷画画，但是他们家庭的经济条件都一般。由于得不到家人的支持，他们不知所措，乃至反抗。余振独自去做生意，饱受现实的打击。楚当当辍学想去做自由画手，遭遇画技的瓶颈。凌霄虽自学电脑编程，水平却得不到实质性提高。

还有葛怡，她虽长得漂亮，成绩也好，但无特长、无目标。她羡慕这帮朋友："杨略喜欢写作，猴哥喜欢电脑，大头喜欢经商，虽然现在跌跌撞撞，但至少有个方向。可是我呢？唉，每天努力学习，到底为了什么？"陈高照是名贫困生，偷偷出去打工挣钱，不幸受伤，加上对专业选择不明确，更觉百无聊赖。富家子弟陶坷坷一出场就飞扬跋扈，自命不凡，以杨略为假想情敌，处处与他争高下，寸步不让，倒也积极上进。在全市篮球比赛中，他迫不得已与杨略合作，结果获得了胜利，于是尽释前嫌。他不再与杨略竞争，却失去了人生方向，又变得颓废迷茫。

现状如此严峻，那有没有办法解决呢？书中出现了一个人生导师——杨略的爸爸，对这些迷茫的少年进行指引。他的方法就是人生规划的九堂课，且这九堂课具有严密的逻辑关系：

> 人生意义在于实现自我价值，自我实现需要人生目标，而人生目标需要设计，包括崇高理想的培养和职业道路的规划，崇高理想需要责任心的培养，职业道路规划需要了解自己、了解社会。有了人生规划以后，还需要坚忍的意志、适合的策略去达成人生目标，实现自我价值，收获人生意义。

通过这些课程，葛怡喜欢上了教育学；陶坷坷根据家庭背景，选择了学习管理；杨略实践了自己的写作梦想，有了成绩，也发现了不足，决定好好进修；凌霄、楚当当、余振经过与家人的沟通，都坚持了自己的梦想；陈高照伤愈返校后，选择了学习生物，因为他对草木虫鱼甚是喜欢，想为生态文明的建设做出贡献。迷茫的少年们得到启示，终于各自确定了人生方向，精神面貌也变得阳光开朗。

《你在为谁读书 3 · 自控力成就杰出青少年》

杨略和同学们经过人生规划，确立了各自的目标，却又遇到了种种新的问题：空有雄心万丈，却常常只有三分钟热度，稍作坚持就偃旗息鼓；作业总要拖到最后一刻，才匆忙做完；不懂时间管理，做事东一榔头，西一棒子，忙忙碌碌，效率却很低下……面对高考的重压，大家陷入了极大的恐慌。好在有杨略的父亲在，杨父及时地提出：要取得好成绩，实现自我价值，必须具备强大的自控力。

那么，自控力怎么培养呢？杨父融合心理学、精神分析、人格与情绪管理、思维与动机分析等原理，凝结成十堂课告诉他，自控力训练要分两步走：

（一）开源。通过锻炼提升自控力，方法有：人生规划、培养使命感、克服拖延、刻意练习、专注热忱。

（二）节流。因为自控力有极限，需要科学的方法加以引导，方法有：目标分解、时间管理、劳逸结合、习惯培养、压力管理。

杨略在深受启发的同时，继续把父亲的秘籍分享给朋友们，大家逐一认真修炼，提升了自控力，不仅取得了成绩的进步，而且养成了受益一生的进取心态和良好习惯。

CONTENTS 目录

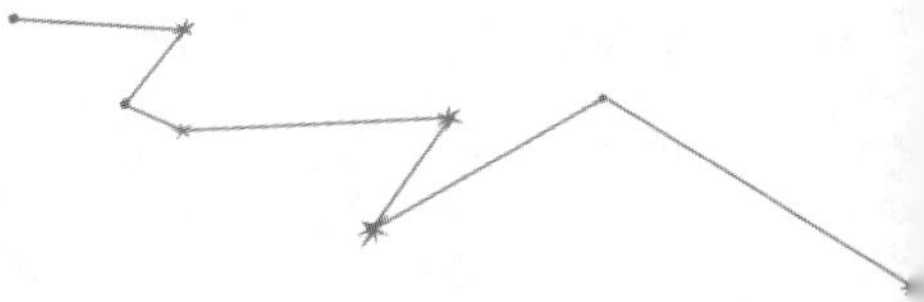

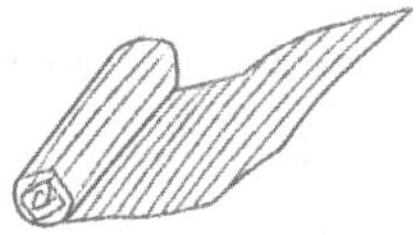

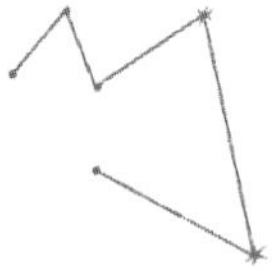

缘起

人生就是一场修炼，养兵千日用兵一时。不幸总是难免的，但遭遇不幸时，如何保持乐观、自信，就是我们需要锻炼的了。

一、爸爸的顿悟

毕竟是腊月了，才过五点，夜色就扑向天空。天上满是浓云，凝着铅灰的怨气，要怒鞭大地。但经过长久的坠落，雨点似乎累了，落到杨略的脸上时，已是细碎无声，淡然无色，空余一股寒气。

今天是期末考试的最后一天，也是高三的第一次模拟考试，原本是极重要的，被老师认为是高考的预演。杨略却整天魂不守舍。好不容易考完了最后一门，知道自己的成绩肯定一塌糊涂，内心不由十分沮丧。

当然，和另一件事相比，成绩就不算什么了。

杨略跑出了教室，被寒气一激，才惊醒过来，惊惶地看着周围。

校园里的路灯亮了，雨丝在光晕中闪过，朦朦胧胧，周围一时宛如梦境。啊，应该是梦，一切都是梦。在他模糊的泪眼里，周围盛开着洁白的花，棉花、栀子花、梨花、樱花。温暖的、清香的、干净的、短暂的，翩然地开满天空。

“爸爸——”游丝般的声音从心里钻出，他被蜇了一下。一阵寒流荡过胸口，散开到身体各处。

大概一个月前的一个晚上，杨略从剧院回家，满心的欢喜，可妈妈告诉他一个晴空霹雳：“略略，你爸爸身体不太好……这次去美国，就是去治病的……”

杨略一时有些发蒙。

“治病？爸爸得了什么病？”

“胃……胃癌……”

杨略的头上像挨了一记闷棍。在他心目中，爸爸一直很健康、积极，而且总在微笑。虽然以前也曾胃部不适，但何以至此呢？

“怎么可能？！”

“他太劳累了，工作压力大，经常熬夜，睡眠质量又很差。工作上的不顺利和伤心事，他从来不对我们说，怕我们担心，就自己一个人慢慢扛，一点点消化掉……”

妈妈凄凄切切，絮絮叨叨，杨略一个字也没听进去，只觉得脑子里起了一股旋风，呜呜呜地怪叫，圈子越扩越大，将他的眼、鼻、口、四肢都猛地吸进去，狂卷起来，撕裂了，泼洒得满天满地，旋风过处，只剩下一片狼藉。

而今天中午，妈妈在电话里告诉他，爸爸已在机场，下午就能到家。顿时，他心绪散乱，牵挂着爸爸的情况，再也集中不了精神做题了。寒假就要开始了，他却没有一丁点的喜悦。唯一的安慰，就是他能陪伴爸爸一段时间了。

杨略骑着自行车，穿行在落叶纷飞的大街。灯光渐次亮起来，在他的泪眼中，变得一片模糊。爸爸要是离他而去，他的世界还能剩下什么？他不敢往下想。虽然他深知，或早或晚，亲人们会如风中秋叶，陆续飘落，可不应该是此时。

终于，他到家了。爸爸在客厅沙发上等他，戴着一顶针织帽，脸庞缩小了，像一只干瘪了的苹果，腿上还盖着厚厚的毛毯。乍一看，杨略几乎有些认不出来了。妈妈坐在边上，正用勺子给爸爸喂汤。

“略略，你回来了。”

爸爸像以前一样招呼着他，脸上挂着笑容。只是，这一次爸爸没有起身。

难道爸爸已经不能走路了吗？

杨略的心沉下去，沉，却又沉不到底，没着没落的，风一吹就晕乎乎地晃荡。

爸爸看到他表情异样，就一指妈妈，笑着说：“你看，有名医亲自服侍，爸爸衣来伸手，饭来张口，待遇不错吧？”杨略妈妈是医院的主任医师，远近闻名，算得上一位名医。

“爸爸——”

杨略含着眼泪，将包裹一扔，几乎是跑到了爸爸面前，握住了他的手，仔仔细细打量了一番。这才四个多月没见啊，爸爸变化那么大，皱纹显得那样多。

这一刻，他忽然体会到了“子欲养而亲不待”这几个字的分量。他说不出话来，将脸埋在爸爸的肩膀上，眼泪哗哗地流淌下来。

爸爸用消瘦的手掌抚摸着杨略的头，依然在笑，但眼眶里早已湿了，嘴角也在不停抽动。

“没事了，都动过手术了，只要静养，就会好的。”

杨略心里也是这般的想法，他总愿把事情往好了看。

“爸爸，这次治疗的效果怎么样？”

忽然，杨略心怀一种侥幸，希望眼前的一幕都是假象，爸爸妈妈是在合伙搞恶作剧，故意骗他回家，以此警告他，不要忘了亲人。他多么希望爸爸和妈妈会忽然哈哈大笑起来，摘去面具，站起身来，就像过愚人节那样。

然而这一切没有发生。

爸爸回答说：“医生说病灶被切除了，但很容易复发。如果复发，那就……”爸爸没有说下去。

“不会的，爸爸。”杨略用急切的声音，把那个不祥的场景赶出门去。

“世事无常啊。”爸爸微微地叹气，抚摸着杨略脑袋的手在微微颤抖。

“不会，不会的。”

“略略，你前年出车祸时，我说，遇点挫折是好的，可以借机反思一下，一辈子该怎么度过？这次，我也碰到这个机会了。以前我重事业，疲于奔命，经常熬夜，三餐不规律。熬到最后，事业呢，算有了点眉目，但放到历史长河里去，几乎是微不足道的。而身体反抗了，这才发现，人除了事业，还需要身体健康。”

“嗯，再没有比健康更重要的。”

爸爸点点头，却又微微摇摇头。“其实，我想得更多。现在我已身患重病，那我该怎样接受这个现实，并与病魔抗争呢？”

“爸爸，你肯定会好起来的。”

“我想，人生就是一场修炼，养兵千日用兵一时。现在老天爷给我发了一张试卷，要看看我能得几分。”

这话好深奥啊，杨略陷入了沉思。

爸爸拍拍他的肩膀说：“略略，就让咱们父子俩一起上一堂抗挫课吧。”

啊，爸爸真是言传身教呀，居然能将自己的病也开发为课程！

杨略心里又是意外，又是感动。不过，不管怎样，他那慌乱、无助的心，逐渐有些平稳了。

他问道："什么是抗挫力呢？"

爸爸随手拿起了茶几上的一个乒乓球，放进装着半杯水的玻璃杯里，并往下一压，乒乓球没入水中。他一放手，乒乓球又腾地浮出了水面。

"看见了吗？这就是抗挫力，也就是在挫折中恢复过来的能力，它让我们在这不完美的世界上生存下来。"

"不完美的世界……"杨略回味着这几个字。是啊，我们生活在世界上，有各种各样的挫败：成绩不够好，相貌不够出众，身材不够好，脑袋不够聪明，还有残酷的病痛……"爸爸，真有一种神奇的力量，让我们克服各种不幸吗？"

"不幸总是难免的，但遭遇不幸时，如何保持乐观、自信，就是我们需要锻炼的了。"

杨略又陷入了沉思。

爸爸说："略略，快睡吧。明天是你寒假的第一天，我要给你看一样好东西。它可以告诉你，什么是抗挫力。"

二、进入醒客世界

杨略躺在床上，辗转反侧，难以入睡。脑海中浮现的，都是和爸爸一起度过的岁月。眼泪无声地流淌下来，在耳边聚了一洼。后半夜时，他迷迷糊糊地入睡，却做了个梦。

在梦里，爸爸恢复了健康，同他说说笑笑，走到了不知什么地方。已是黄昏薄暮，太阳渐渐落山。忽然爸爸不见了，留他在旷野之中。他大声喊，却没人应。周围是彻底的安静，天上云朵在沉重地堆积。

他尖叫着："爸爸！"就醒来了，一看时间，已经早上七点。他昏昏沉沉地起了床，心里还在咚咚直跳。

妈妈已经起床，正在厨房做早饭。爸爸坐在书房里，一看见杨略，就喊道："略略，来看看爸爸的杰作。"

杨略走了进去。书房里多了三四台奇怪的仪器，都有巨大的显示屏，操纵台上满是按钮。书桌上还摆了两个奇怪的头盔。

“爸爸，这是什么？”

“来，坐在这儿，把头盔戴上就知道了！”

杨略满腹狐疑，坐在爸爸旁边，戴上了一个红色的头盔。倒也不重，和摩托车的头盔差不多，眼睛前面还有个玻璃护罩，只是有些冰冷，像是有金属纽扣抵着他的头。

爸爸戴上了另一个头盔，熟练地揿着操纵台上的按钮，一脸难抑的兴奋，像是小孩在展示自己心爱的玩具。

“略略，我们出发了！”

随着爸爸的操作，他发现玻璃护罩上出现了斑驳的色彩，玫瑰红，烟灰，葡萄紫，像水中的无数个涟漪，层层漾开，撞击，穿越。接着，色彩只剩下黑白，无数曲线在波动，让他的眼皮渐渐沉重。

接着，他睡着了。

然而，他又分明是醒着的。眼前一片纯净的洁白，明晃晃的刺眼。等他的眼睛适应了，才发现这是一个宽敞的房间，足有上百平方米。通体是白色的，没有一件家具。房间内很明亮，他站在当中，脚下连影子都没有。往四周看看，却又看不见一盏灯，似乎所有的墙面都在发光。只有巨大的落地窗是黑色的。外面是深夜吗？

窗边站着一个人，穿着黑色的西服，背影那么熟悉。

“爸爸！”

杨略叫出声来。

那人回过头来，果然是爸爸！脸庞红润，头发整齐，目光明亮，神采奕奕，是杨略熟悉的样子，精力充沛，毫无一丝病容。

“略略。”

这才是爸爸的声音，低沉，宽厚，富有磁性。

“爸爸，这是哪儿？”

“欢迎来到醒客世界。”

“醒客世界？”

“这是我们醒客学社开发的一个教育程序。”

“醒客学社？”

“是五年前爸爸和一些学者组建的社团，探讨未来生存之道、人的生存困境之类的问题。”

杨略听得似懂非懂。

“为什么取这个名字？”

“醒客，Thinker，思想家，也是清醒者。我们进行了许多思考，第一项成果，就是这个程序。”

“那我们是在电脑程序里？”

“可以这么说。”

杨略摸了摸衣服、手臂，都具体可感。在胳膊上掐了一把，也觉得疼痛。这可不是梦啊。爸爸看到他的动作，笑了起来。

“你的大脑指挥着手的动作，也就习惯性地想到了后果。所以在这里，一切感觉都和真实世界里一样。”

“好神奇啊，爸爸，你带我来这儿做什么？”

“上课。”

“什么课？”

“或许……”爸爸沉吟了一下，“你可以把它当成一场游戏。”

“游戏？”杨略顿时有了兴趣。爸爸虽然年过半百，但依然有着常人难及的想象力。莫非爸爸忽发少年狂，想和杨略玩一场年轻人的游戏，以了却一桩心愿？那会是什么呢？篮球？电脑游戏？甚至是，滑板？可这儿没有设备啊。更何况，爸爸说是要上课呢。上什么课呢？眼前空空的房间，似乎只适合空手练拳。

莫非爸爸是个深藏不露的武林高手，现在要将独门绝技传授于他？是杨家枪，还是杨家拳呢？

杨略满心都是好奇，但又不知从何问起。

“爸爸，就在这个空房间里吗？”

“这是空房间吗？不，这里应有尽有！这个程序的宏大，远远超乎你的想象。”

杨略觉得那白墙之中，玻璃之外，都藏着无数神奇。到底有什么呢？

爸爸就喜欢吊人胃口，显然不肯透露剧情。不过爸爸这招很灵，越有悬念，越是让杨略心痒。

他喊道："爸爸，那我们开始吧。"

"好，闭上眼睛。"

杨略透过眼睑，感觉到外面变化着各种色彩。

第一课

自强：发现挫败背后的机遇

一、遇见弗兰克尔

等杨略再次睁开眼睛时，他发现自己是在一个广场上，周边是欧式建筑，有高高的廊柱和拱形的门窗。广场中间是个水池，立着一个光身子的小男孩石雕，他抱着一条大鱼，鱼嘴里是一道喷泉。许多白鸽在广场中拍打着翅膀，小孩们在玩轮滑，嬉笑声不绝于耳。

“爸爸，这是哪儿？”

“波兰。”

好陌生的国度啊。

“我们来这儿干什么？”

“来见一位大人物。”

“是谁？”

“维克多·弗兰克尔[①]。”

杨略一脸的困惑。这个名字太陌生了。

爸爸自然猜透了他的心思。

“他是一位心理学家，等会儿你听完他的故事，就明白他的伟大了。”

这时，广场对面走来一位老人，衣冠楚楚，满头银发，脸色却很红润。爸爸立刻站起身，和杨略一起迎向前去，一边轻轻地说：“你能猜到，他是90岁的老人吗？”

杨略很吃惊。90岁？不应该是颤颤巍巍、老态龙钟的吗？

“你更猜不到，他是奥斯维辛的幸存者……”

弗兰克尔已走到了他们面前，握住了他们的手，满脸都是笑意。

“我听你们说起了奥斯维辛……”

爸爸说：“是的。如果您不介意……”

---

① 维克多·弗兰克尔（1905—1997）：著名心理学家。纳粹时期，作为犹太人，他的全家都被关进了奥斯维辛集中营，他的父母、妻子、哥哥，全都死于毒气室中，只有他和妹妹幸存。但他不仅超越了炼狱般的痛苦，更将自己的经验与学术结合，开创了意义疗法，替人们找到绝处再生的意义。著作《活出生命的意义》感动了世界人民。

“当然不介意，我倒是想说，如果你们不介意，我这个老头子真想说说往事。”

“我们洗耳恭听。”

弗兰克尔面朝杨略，脸上露出活泼的神情。

“年纪大了，就喜欢怀旧，像牛一样，把过去那点事反刍来反刍去。说起来真是惭愧。不过,我一生的学说,都萌发于那个时期,所以,还不得不说。”

他顿了一顿，音调有了些变化。

“知道吗，小伙子，那边那些房子，瞧见了吗？周围一圈铁丝网，里面几排平房，就是奥斯维辛集中营的原址。囚房、毒气房、焚烧炉，一切都原样保存。我已经很久没回到这里了。你知道，对于太悲惨的往事，我们往往会选择回避……”

杨略极目望去，果然看见铁丝网，红砖黑顶的低矮建筑，但在和平的年代里，一切都被染得金黄灿烂，让人感觉不到昔日的恐怖。

一阵风吹过，弗兰克尔的白发微微摆动。杨略注意到，他脸上的皱纹似乎也在抖动。或许，这阵风，吹来了无边的往事，在他脑海中回旋，让嘴唇颤抖了吧。

老人开始了自己的讲述。

二、弗兰克尔：在奥斯维辛浴火重生

加上我，一共一千五百人，一同被塞进一列火车。狭小的车厢里水泄不通，所有人只能躺在自己的行李上，守着所剩无几的财产，以及对过去的美好记忆，彻夜不眠，眼睛瞪得老大，在车厢的酸臭味中，惶恐不安地等待自己的命运：是到军工厂从事体力劳动，还是直接葬身于阴森的集中营？

火车不时发出怪诞的嘶鸣，仿佛荒野上的一头猛兽，蛮横地向前狂奔，享受着生杀予夺的权力，毫无怜悯之心。

我觉得孤独无依，仿佛一枚秋叶，随风飘荡，命运难以自主。

坐了几天几夜，火车缓缓减速，几个眼尖的同伴看到火车驶入岔道，显然要进入大站了。他们将脸挤在门缝里，看到了站牌，尖叫了一声：

“奥斯维辛！”

顿时，所有人的心都凝固了。这是最可怕的结果，我们的脑海中出现的都是最为恐怖的场景：毒气室、焚烧炉、狰狞的党卫军、血腥的大屠杀……

然而，我内心还抱着一丝希望，或许……或许火车只是路过奥斯维辛，火车还会继续前行，把我们送到军工厂，至少送到另一个集中营，有一线生存希望的地方。

但我们被送进了奥斯维辛，体弱者直接被送进毒气室，化为浓烟消散。其他人被扭送去劳动，在冰天雪地之中，穿着单薄的号衣，用冰镐刨地，每日的饮食是一块小面包、一勺薄汤。我随身携带的衣服、钱，还有一部心理学著作的手稿，都被党卫军抢走了。衣服和钱我不在意，可书稿却是我数年心血所凝，一旦丢失，就像在我心口割了一刀。但为了保命，我毫无办法。

几个月过去了，算时令，应该是春天了，但气温却丝毫没有回暖，不时有寒风侵袭，飘下漫天白雪。狱友们接连死去，多得让我们习以为常，心态逐渐从惶恐转为麻木，甚至激发出一种苍凉的幽默感。当然，也不乏幻想者。

干活的间隙，F 蜷曲着身子，靠近我。我们都很冷，身体贴在一起相互取暖，是我们最习惯的事情。

他脸上带着神秘的喜气，在我耳边悄声说：“你知道吗，我们的苦日子快到头了。”

在我听来，在这种漫无尽头的地狱生涯中，“到头”一般只有一种意思，就是暴病身亡，或是被送进毒气室。于是我指了指远处焚烧炉的烟囱，那里有一股黑烟直冲云霄。

“瞧，每天都有人脱离苦海，逍遥去了。”

我们在麻木的躯壳下，都藏着一点苦涩的幽默感。

F 说：“我和你说正经的呢。我做过一个神奇的梦。我走在一片旷野上，四周一棵树都没有，忽然空中响起一个声音，庄严、嘹亮，旁边虽然没有山峰，但依然有回响，连绵不绝。我猜想那是上帝的声音，当年摩西[①]就曾听到过。那个声音说，我可以许个愿，无论问什么问题，他都会告诉我答案。你猜我问了什么？嘿，我啊，问他战争什么时候结束。”

F是个作曲家，颇有名望，因为笃信艺术，所以一直迷恋通灵之说。我不以为然，只是应付着问他：“那个声音怎么回答你的？”

他掩藏不住欢喜：“战争会在1945年3月30日结束。”

而此时已是3月初，也就是说，在F看来，再过二十来天，我们都能逃出生天了。他躺在我边上，看着天空，干瘦的脸盘上，双眸充满希望的光焰。

但日子一天天过去，战争却并没有停歇的征兆。F渐渐失去了耐心，变得焦灼不安，独自喃喃自语，甚至对着天空，喉咙里滚动，发着无言的咒语。期限越发近了，他拒绝起床干活，赖在牢房里，躺在满是屎尿的草垫子上，任凭党卫军的皮鞭招呼在他身上。

他躺在那里，青黑的脸盘上满是胡茬，因为过于干瘦，所以并无皱纹，只是如熟牛皮绷在头骨上，深陷的眼窝里，眼睛像两孔浊水，印着昏黑的天花板，嘴里微微吐出最后一口烟。这是他珍藏已久的香烟。

我尝试着安慰他，但无济于事。他发着高烧，神志不清，像是得了伤寒，但我知道，他是失去勇气了，身体也形同空城，没了守兵，病魔长驱直入。第二天，也就是他认为战争结束的那一天早晨，他变成了一具冰冷的尸体。

我被勒令去处理尸体，对于我而言，送朋友最后一程，也是极应该的。我给他洗脸，剃须，整理衣服，想给他，也给自己，最后的一点尊严。但党卫军不耐烦了，在背后怒斥了几句。我只得匆匆了事，在几个狱友的帮助下，将F送进了焚烧炉。

离开焚烧炉，我又从集中营到工地干活去，一路上想着F的点点滴滴：他曾有的幻想，他漂亮的歌喉，他洒脱的举止……如今一切都消失了，我回头望去，焚烧炉的烟囱里，照例升起黑烟，袅袅上升，混入乌云中去。当中肯定就有F的魂魄，游荡不已。

我从F身上，看到了自己的未来。如此一想，心里顿时被沮丧所盘踞，

---

① 摩西：以色列人的民族领袖，史学界认为他是犹太教创始者。相传摩西曾听到上帝的声音，号召族人离开埃及。

觉得如此毫无尊严地活着，并无半点乐趣，倒不如化作轻烟，迎风消散了事。

我是研究心理学的，本能地开始警惕，知道这样往下想，必然导致精神的崩溃。于是我强硬地扭转心思，想一些更琐屑、更踏实的事情。

依旧是冬天，我的鞋早已穿破，脚趾露在外面，先是生了冻疮，磨破后，鲜血淋漓，疼痛无比。我一瘸一拐地走在路上，心里却想着晚餐。今天能分到一根香肠吗？春天到了，粮食会丰富了吧，或许今晚的面包也会比以往大一些，汤也会更稠、更热一点。当然，我如果忍住不吃，或许可以用香肠换一只新一点的鞋子，上面有两根完整的鞋带，最好能给自己的脚绑一点绷带。这样才更实惠啊，毕竟香肠吃几口就没了，鞋子能伴随我更久一些，或许，可以伴随我度过这段地狱般的时光呢。

如果我能熬到走出集中营，我的日子会是怎样的呢？

忽然，一束橘红色的光芒照耀在我头顶。神奇的事情发生了。

我看到自己站在明亮、温暖的讲台上，面前坐满了学生。久违的光阴！天哪，他们听得如此专注，许多学生眼中还噙着泪花，听我讲集中营心理学！

我给他们讲述 F 的故事，党卫军的心理，以及许许多多狱友的心态。

我忽然意识到，我是心理学家，本来就要密切关注现实。而现在我所处的环境，为我提供了绝佳的机会，唯有亲身体悟，才能真正把握，从中总结出心理的规律。于是，身边的所有悲惨事件，折磨我的，折磨别人的，都成为科学观察的对象。

我的心欢喜地跳跃起来。感觉自己就像托尔斯泰一样，为了写作《复活》中监狱的场景，不惜混入监狱，以便深入了解。啊，我既要融入，又要超脱。每天在集中营里生活，我要学会观察、体会、记录，借以完成我的心理学著作。

我的眼里含着泪水。因为我相信，在这一刻，我受到了神启。[①]

三、无论环境多么恶劣，我们都能选择自强不息

维克多·弗兰克尔说到这里，停了下来，望着高远的天空，表情无比

① 以上故事参见维克多·弗兰克尔《活出生命的意义》，吕娜译，华夏出版社 2018 年版。

虔诚。时间接近黄昏，瓦蓝的天宇边上，堆积着大团大团的白云，如同高耸的山峰。阳光透过云层，洒下万道金光。

杨略沉浸在弗兰克尔的故事中，眼前出现了许多画面：集中营里瘦骨嶙峋的犹太人，耀武扬威的党卫军，焚烧炉上冒出的黑烟。弗兰克尔一停顿，他不由地追问："弗兰克尔先生，您的神启是什么呢？"

弗兰克尔看着杨略，庄重地说："那就是，人，并不完全受制于环境！就算在地狱般的集中营里，我们的财物、衣服、身体的自由都被掠夺，但有一样东西，是谁都无法夺走的，那就是宝贵的精神自由，我们在任何环境中，都可以选择自己的态度和行为方式，发现困难背后的机遇。"

听到这样精彩的话语，杨略的身心都一起沸腾起来。

"也就是自强不息？"

"不错。"弗兰克尔说，"无论何时，我们都能选择自暴自弃，屈从于环境；但也能选择自强不息，坚持自己的目标，活出生命的意义！正是这个体悟，让我坚持着活了下来。"

杨略想到了自己，不曾努力做些事情，却时常荒废光阴。他平常看小视频，看微信，转瞬就过去了半天，除了颈酸眼胀，似乎也没什么收获，心里倒是空落落的，充满了无聊感。遇到点小困难，就会心生畏惧。对比弗兰克尔，他不由满心惭愧。

爸爸在一旁插嘴："弗兰克尔先生成了集中营里的心灵导师，二战结束后，他获得解放，开创了意义疗法。当时虚无主义盛行，大家普遍找不到生活的意义，于是精神疾病丛生。意义疗法让他们重新找到生活的乐趣。在这当中，弗兰克尔先生本人也堪称楷模。他的一生，真的做到了自强不息。略略，你知道吗，他在 67 岁的时候，开始学习驾驶飞机，80 岁高龄，还登上阿尔卑斯山。"

杨略满心崇敬。想象一下，一位白发老者，行走在雪峰之巅，天地苍茫，我自独立，还有什么画面比这更动人，更能展现人的高贵？！不知道自己 80 岁时，是否会有这样的英姿？

弗兰克尔老人宛如一棵秋树，花叶凋零后，剩下干净的枝干，无挂无碍，俗世赞誉早已不系于心，但回顾一生，也不免有些骄傲："我一向认为，人的心灵宛如琴弦，绷得过紧当然易断，但松松垮垮，却也失去了琴弦的意义。最健康的心理，最强韧的心灵，就是在挫折面前，依然能发现机会。”

而爸爸则在旁边说：“略略，你想想看，如果遇到困难，比如数学考砸了，你和你的同学们会有哪些表现呢？”

杨略记得，上次数学考试结束，老师发下成绩时，教室里一片哀号之声。他仔细观察过，同学们大概会有三种表现。

第一条路，认怂。像擅长漫画的陈子轩就哀叹了一声：“唉，看来我不是干这个的料。”下回遇到数学，就更没有信心了。时间一久，数学就成了他的拦路虎。

第二条路，抛弃。曾泉就曾怒喝一声：“数学有个鸟用！”把试卷撕烂，从此成为抨击教育者，认为应试教育压抑人性，扼杀了创造力。好像他真有什么创造力似的。

第三条路，反思。比如他自己，对数学考砸了也非常沮丧，但冷静之后，就分析原因，找出问题：是基础太薄弱，还是解题速度太慢，或者思考不够周全？然后查漏补缺。

他把三种情况说给爸爸听了。

爸爸赞扬道：“不错，通过反思，让暂时的失败成为自我检测的机会，这样不仅能走向成功，而且可以让心智更为成熟，实力更为强大，最后抗逆生长。”

四、用全部的精力去做最重要的事情

告别了弗兰克尔，爸爸带着杨略在小城里闲逛。方形的路灯渐渐明亮了，石板路染上了橘黄色，加上街边的欧式建筑，橱窗里缤纷的色彩，有一种进入童话世界的感觉。

杨略静静地走着，想着事情，忽然问：“爸爸，你怕死吗？”

这是他第一次和爸爸谈这个字。似乎了解过奥斯维辛集中营，这个话题也变得平易一些了。

爸爸显然也被触动了。

“当然怕。我那段时间感到身体不适，就去了医院。拿到化验报告的时候，我快要崩溃了，医生的话一点都没听进去。走到医院门口，觉得眼前车水马龙，落霞满天，这一切都很美，但不再属于自己，一时难以自禁，坐在车里无望地痛哭了很久。”

杨略难以想象，爸爸也会哭。然而正因如此，他更觉痛心，很想过去抱抱爸爸。

爸爸继续说：“我的生活顿时失去了目标。就像你高中时遭遇车祸时一样，觉得奋发努力和虚掷光阴，都没有了区别。”

“你当时和我说，要实现自我价值，让人生不至于虚度，从中得到持久的幸福。”

“你那时遇到的是偶然，现在我遇到的是必然。”

杨略沉默不语了。生活的偶然波折，好了伤疤就忘了疼，当然可以置之不理，甚至还可以转为财富。但如果迎来的是必然的死亡，那一切就不同了。死后是怎么样的？是进入天堂，进入轮回，还是全然消散，化为虚无？谁也不知道。正因为不知道，所以每个人都会恐慌。爸爸当然不会例外。

爸爸接着说：“我开始琢磨抗挫力的问题，渐渐发现，抗挫力需要长久的修炼。我们不注重心灵的修炼，只顾追求名利，往外攫取，用物质来填补心灵空缺，用消费来赢得尊重，可心灵却没有获得滋养。”

杨略陷入了沉思。

爸爸的声音很平静：“有一个人在路灯下找东西，别人问他：你找什么？他说：找烟斗。别人又问：在哪儿丢的呀？他说：在房间里。别人说：你傻啊，你该去房间里找啊。他说：你才傻呢，家里停电，乌漆墨黑的，这儿多亮啊，我当然要到这儿找。”

“爸爸，你是不是想说，我们不懂得什么是内心真正的需求，却只顾追求物质享受，结果就像在路灯下找烟斗一样，对吗？”

爸爸最喜欢杨略的悟性，慈爱地搂住他的肩膀。

“所以我和醒客学社的学者同仁们一道，开始研究抗挫力，最后做成了一款游戏软件。”

“这么枯燥的内容，也能做成游戏？”

“这还得感谢你呢。那段时间，我感到疲惫，就玩玩电脑，无意中打开了你安装的游戏《大航海》。场景很棒，充满了地理知识，寓教于乐。我忽然得到启发，我的课程也可以做成这样。刚好这个时候，你的赵优优叔叔来看望我。他是游戏专家。我和他说了想法，他完全赞同。”

杨略想到赵优优，顿时就有些想发笑。因为这人虽然已经50岁了，但总是奇装异服，满脑子异想天开。杨略小时候没少玩他制作的游戏呢。

“赵叔叔当然会同意。”

“你赵叔叔正在开发一种新游戏，可以人机互联，玩家只要戴上一个全视角显示头盔，就会进入半睡眠状态，走进游戏世界，能看到三维的场景，感觉到风吹雨打。”

“他真厉害！”

“我也拍案叫绝。他还说，这种游戏很节省时间。因为当大脑进入半睡眠，摆脱身体干扰，思维速度会快上12倍。也就是说，你可以用五分钟，玩一小时游戏，如果用快进，那就更节约时间。于是，我们设置了种种场景，添加了种种人物，把教学内容做成了游戏。你能想象，周围这一切，其实都是影像而已吗？”

杨略用手拍了拍路灯的黑色柱子，发出梆梆的声响，摸上去表面粗糙，也与真实无异。这是多么奇妙的体验。他由衷地赞叹：“爸爸，你永远充满了理想色彩。”

“我才没那么伟大呢。我只是很享受这个过程，它让我感到充实。现在完成了，我带你来体验，心里幸福极了。”

爸爸的眼睛里发出炫目的光彩。杨略沐浴在这光彩之中，由衷地为爸爸感到高兴，同时也感到死亡似乎并不可怕，可怕的是临死时，发现自己虚度了一生。和这种罪过相比，所有的磨难、所有的欺骗，都显得那样无关紧要。

爸爸满意地说：“略略，我们的第一堂课——自强——上完了。第二堂课，我们讲自主，探讨如何发现自我的优势。”

“我们去哪儿？”

“去巴黎，萨特在那儿等着我们。”

第二课

自主：发现自己的优势

一、人生是自主选择的产物

这是塞纳河岸的一家咖啡馆，空气里满是咖啡的香味，醇厚如天鹅绒。有圆桌子，有黑色沙发。转角处摆着三角钢琴。四处弥漫着淡淡的音乐，是一位男子的嗓音。歌声低沉宽酽，流转回环，袅袅如大漠孤烟，绵绵如千里山河，是久历人世的成熟味道，让人心里无比熨帖。

窗边坐着一人，穿灰色风衣，戴黑色方框眼镜，眉心紧锁，手里把玩着咖啡杯，正透过窗户，看塞纳河上变幻的云雾，以及出没其中的飞鸟和游船。杨略知道，这就是让·保尔·萨特①，存在主义大师。

爸爸领了杨略过去，简单作了介绍。萨特点了点头，左眼看着杨略，右眼却斜视一旁②，于是有一种既不热情，也不疏远的神色。然而等杨略和爸爸在对面坐下，他就发问了，并且直切主题。

“可以告诉我，什么是自主吗？”

杨略倒是一愣。自主，这是极为熟悉的概念，但细心一想，却又疑窦丛生。

“自主，就是自己做主吧。”

“你喜欢自主吗？”

“当然。”他的脑海中回荡着一句话：我的青春我做主。他喜欢这样的个性张扬。

“但许多人在逃避呢。”

“为什么呢？”

“我们生而为人，被抛掷在这个荒凉而惊险的世界上，既不能依赖上帝的启示，也没有永恒的人性可以凭借，然而我们要生活，要度过漫长的一生。我们孤立无援，无依无靠。”

杨略的脑海中浮现出一幅蚀刻版画。无遮无挡的一片旷野中，乌云如墨，

---

① 让·保罗·萨特（1905—1980）：法国哲学家、作家、存在主义大师，作品有《存在与虚无》《苍蝇》等，主张以人为中心、尊重人的个性和自由，认为人生无意义，但人可通过自我选择，自我造就，最后活得精彩。他一生中拒绝接受任何奖项，包括1964年的诺贝尔文学奖。

② 作者注：萨特因患眼疾，右眼斜视。

狂风劲吹，百草偃伏，一群人正在原地徘徊，其中有衣冠楚楚者，也有衣衫褴褛者，但表情一律是茫然的。有人高声祈祷，但天地置之不理。有人奋力要去踏出新路，也有人迟疑着追随，但立即又陷入新的迷途。

“这听起来多么让人沮丧！”

萨特瞪了他一眼，高声驳斥。

“沮丧？不！只有那些思想上的懒汉、行动上的懦夫才会这样想。我们获得自由，理应感到欢欣鼓舞。想象一下，未来的生活道路由我们自主选择。我们将成为怎样的人，有限的人生如何使用，走向何方，全由我们的意愿决定。不等待救援，不依靠向导。人，从未如此高贵！”

“高贵？”其实，在杨略的心里，人的形象越来越卑微了。

“不错，高贵。我们自主选择，然后，我们又为自己的选择而负责！独立天地之间，勇敢，智慧，坚强！宇宙中从未有过这样高贵的物种！”

萨特越说越激动，似乎觉得有点失态，就顿了一顿，优雅地拿起咖啡杯，呷了一口，放在原处，放缓语速，做了一个小总结。

“人刚出生时，什么也不是，但随着时间推移，他想要变成某种人，于是通过行动慢慢改造了自己。归根到底，人就是自己行为的雕塑。所以，不管是英雄还是懦夫，人都是自己造就的。”①

杨略听到这里，心里对自主有了新的认识，但也生出了许多疑问。做善人还是做恶人，做英雄还是做懦夫，人确实能选择。可是——

他一吐为快：“我们真的有那么多选择机会吗？我无法选择出身、相貌，也无法长生不老。如果我是个残疾人，那只能无奈地度过一生，哪里有真的自主呢？”

“你有！”声音斩钉截铁。

“在哪里？”

“在心里。”

“唯心主义！”

“哈哈！”萨特不由放声大笑，让杨略一时觉得无所适从，“唯心主义？

---

① 引自萨特：《存在主义是一种人道主义》，周煦良译，上海译文出版社2021年版，第22页。

多好的批判。如果我天生是瘸子，这是没法改变的，但我还是有选择的权利。我可以自强自立，不求怜悯和救济，反而做出事业来让人尊敬。也可以自哀自怜，自暴自弃，博得社会的同情，把人生的倒霉归咎于身体缺陷。其实，可怜之人，必有可恨之处！”

“这说的只是意志的自由。”

“我重视的就是这个，利用自主选择，创造自己的生活，进而影响别人。我最不要听的，就是怯懦者的抱怨。说什么我本来可以成为作家，但苦于没有时间创作。说什么我没有爱情，是因为生活空间小，找不到合适的人。这都是懦夫的托词。就算不能保证成功，我们也必须行动，才有成功的希望。在茫茫人世间，我们能依靠的，只有自己。”

“可是，我该怎样行动呢？”

“自主选择。”

杨略依然感觉置身荒野，处处是路，也就无所谓有路。如果怎么做都行，那不是极易陷入享乐主义和虚无主义吗？

“好了，我今天说得也够多了。我得走了，一会儿还有个约会。我不想迟到。你知道的，西蒙娜[①]可不是个脾气好的女人。”

说毕，萨特哈哈一笑，站起身来，将风衣扣好，拿上帽子，交给服务员餐费和小费后，就推门出去了。透过窗户，杨略看到他顶风而行，帽子被风掀动，他用右手压住。当然，他也可以选择放手，让帽子飞进塞纳河里去。此外，与西蒙娜的约会，他完全可以不去。但是，这样的选择有意义吗？

爸爸刚才不发一语，此时却说话了。

“萨特提倡的学说，被二战后的年轻人追捧，却变了味。既然他强调每个人都有绝对的自由，而且否定社会规范，那么奋发图强和消极散漫是一样的，无高下之分。所以‘垮掉的一代’选择了花天酒地、纵情声色。”

杨略点点头：“很容易有这样的后果，因为他只谈理念，没有方法。”

爸爸站起来，拍了拍杨略的肩膀。

“走吧，我们去见下一位导师。他对人的需求和满足，还有自我实现，

---

① 西蒙娜：即西蒙娜·德·波伏娃，存在主义文学家，著有《第二性》等，是萨特的终身伴侣，二人却没有结婚。

研究得最为深入。”

“自我实现？是马斯洛[1]？”

“没错。”

“太好了！”

在杨略心目中，马斯洛是心理学家，融合了科学家的严谨与哲学家的睿智于一身，定然更加靠谱。而且，高中时父亲给他上的十堂课里，也提到过马斯洛的需要层次理论。这让他对其非常崇敬。

二、最美妙的命运，是在擅长的工作中获得报酬

这时，有一人迎向他们走来。此人身量颇高，约莫60来岁，鬓发有些苍白，却梳得整齐，瘦削的脸上，安着一个宽圆的大蒜鼻，一部木梳模样的胡须，显出几分滑稽，但增添了亲切之意。更何况，他还满脸微笑呢。

“这么说，这位年轻帅气的小伙子就是杨略了。”

“马斯洛先生？”杨略伸过手去。

“是的。”

杨略正想说一些滔滔江水连绵不绝之类的奉承话，马斯洛却和萨特一样，在咖啡桌前坐下后，就直奔主题了。

“杨略，你遇到过萨特，你认同他的自主选择理论吗？”

“我大体认同萨特的说法，但他的选择过于随意，就好像给一个从未学过绘画的人一支笔、一张纸，也不教，就让他随意去画，很难画得好啊。”

“一语中的。”马斯洛鼓起掌来，“萨特说人没有什么本性，就是一张白纸。可我觉得，人活在世上，总有些本能在驱使着我们。这些本能，除了基本需要，诸如吃饱穿暖，有家庭有朋友之外，人还要自我实现。”

“怎么样才算自我实现呢？”

“我讲个故事吧。”

---

① 马斯洛（1908—1970）：智商高达194的天才，他开创了人本主义心理学，其核心是人通过“自我实现”，满足多层次的需要系统，达到“高峰体验”，重新找回被技术排斥的人的价值，实现完美人格。

这让杨略觉得很开心，自从来到这里，他发现这些大师无不妙语连珠，深入浅出，从来不说砖块一样生硬费解的术语。或许，这才是大师之所以是大师的原因吧。

马斯洛用汤匙轻轻地搅着咖啡，思绪开始腾飞。

“假如一架飞机失事了，坠落在太平洋的一个无人岛上，幸存者散到了各处，与外界失去了联系。这里树木阴森，猛兽出没。A独自一人，背囊里有衣服和干粮，晚上睡在树上，被野兽鸣叫吓得胆战心惊。B也是独自一人，但他有一支手枪，还找到了一个山洞。他白天打猎，晚上洞口一堵，可以睡个安稳觉，但非常孤独。C更幸运，他除了有武器，有住处，还有三个朋友，彼此帮助，互相关爱，让他不觉寂寞。D不仅有C的条件，而且因为治病救人,在群体中很受尊重。你知道他们各自满足了什么需要吗？”

“我想，A满足了生理的需要，B满足了安全的需要，C满足了爱与归属的需要，D满足了尊重的需要。”

“确实如此。当这些需要都得到一定的满足之后，他们又产生一种新的渴望。E是建筑师，也在D的群体之中，虽温饱无忧，也颇受尊重，但总是若有所失。这一天，他走在海滩上，忽发灵感，要设计一套木质住房。于是做了设计图，并发动大家砍树，劈成木板，搭在一起，盖上棕榈叶，在海滩上造好了一幢别致的木屋。看着这一切，设计师觉得幸福极了。F是个画家，他受了鼓舞，在岩石里采集了颜料，给木屋上色，在室内作壁画，让木屋赏心悦目。大家纷纷觉得，就算置身荒岛，但用心经营，也别有情趣，于是各展所长，制作桌椅，烧制陶罐，驯养禽兽，辨别野果，在构建美好家园的时候，他们都达到了自我实现。”

杨略特别喜欢荒岛故事，好友陶坷坷策划过一部书，讲的就是荒岛遇险。他看了好几遍。现在马斯洛的故事颇有鲁滨孙白手起家的意味，他自然听得入迷。

“那自我实现有什么意义呢？”

“对于自己，自我实现意味着充分地、活跃地、忘我地体验生活，彻底发挥了潜能，实现了抱负。建筑师必须建筑，画家必须绘画，否则内心始终难以宁静。所以，自我实现的人，拥有更健康的心理，更完美的人格。

他们珍爱自己，也尊重他人，富有民主精神；他们积极自信，富有主见，决不人云亦云；他们视野开阔，真率潇洒，遇事泰然自若；他们热爱生活，懂得欣赏，内心愉悦，而且满怀感恩之心。”[①]

听到这里，杨略想到自己也有过类似的体验，当他写完一篇文章，举目看着天空，但见飞鸟流云，心里无比美好。这种感觉，有时令他雀跃，有时让他恬静。

“而自我实现，就需要一条具体可行的道路，对吗？”

杨略知道，自我实现是向一个目标靠近时得到的自我满足感。人生目标包括崇高理想的树立和职业道路的选择。

他把观点说了出来。

“的确如此，”马斯洛说，“据我观察，自我实现者无一例外都献身于一项身外的事业，在当中获得成就，获得快乐。而这些成就，无疑又是社会需要的。在他们身上，工作和娱乐的分歧消失了。”

“那在您看来，我们该如何选择这样的事业呢？”

“我想，很少有人能一下子就找对行业。因为寻找的基础，是要发现自己，而这是抽丝剥茧、水落石出的过程。可以这样说，每个人都是一块璞玉，整个受教育的过程，就是用凿子渐渐除去外面的顽石，发现当中的美玉。”

杨略想到了高中时爸爸给他上的几堂人生规划课，其主要思想就是，每个人都应了解自己的优势智能、性格、价值观、兴趣，了解社会的需求和趋势，科学地、自由地选择属于自己的理想，然后一步步扎实地向它迈进，达到自我实现[②]。

“我爸爸给我讲过这些。”

他深情地看了爸爸一眼。因为有了爸爸的帮助，才使得他在人生的关键时刻没有盲目，而是选择了属于自己的人生道路。

马斯洛赞叹不已：“这种帮助会让你受益终生的。看来有你爸爸在，我的使命已经完成了。”

---

① 引自马斯洛：《需要与成长：存在心理学探索》，张晓玲译，重庆出版社 2018 年版，第 79—89 页。

② 详见本系列之《你在为谁读书 2：青少年人生规划》。

“可现实问题是，如今的年轻人找工作，都不是追求自我实现，而是奔高地位、高收入而去。”

爸爸点点头说：“情况确实是这样，不过，当更多的青年在择业时，追求保障、竞逐浮华胜过追求生命的质量，对于我们的社会而言，这是一种悲哀。”

杨略叹息地说：“生命的质量？对于我们这代人而言，简直太奢侈了。你想啊，房价，物价，哪样不是沉重的负担，逼着我们挣钱。什么爱好啊兴趣啊，只好先放放再说吧。”

马斯洛说：“杨略，你说得很实在。年轻的时候，因为无法真正独立，受种种条件的制约，不得不茫茫然随波逐流。可是有一天，当我们经济富裕、心智成熟时，会掀起对事业的强烈渴望。也许为时已晚，也许故步自封，以致无法轻装上路，最后懊悔终生。”

“那么，你的建议呢？”

马斯洛表情变得很严肃，没有直接回答。

“醉心于心爱的事业，精神得以滋养，变得宽容温和。如果工作味同嚼蜡，精神将受到腐蚀，变得乏味麻木。所以，我常说，人类最幸福的命运、最美妙的运气，就是做自己喜爱的事情同时获得报酬。”

杨略叹息了一声：“不是每个人都有这样的好运气。”

“是运气吗？”马斯洛看着他的眼睛，“也许是缺乏勇气吧？”

杨略不由感叹：“在这个现实的社会上，想做自己，干点喜欢的事，就得需要凡·高这样近乎‘愚蠢’的勇气啊。”

马斯洛说：“很幸运的是，最适合你的工作，就是你的天赋所在，兴趣所在，因而也最易取得成就。只要有勇气，报酬是丰厚的。”

爸爸说：“自主选择是走向幸福的必经之路。我们将在自我实现中，得到高峰体验。”

“高峰体验？是怎么的体验呢？”

“我有过那样的体验，”马斯洛深情地说，汤匙轻轻地敲击着杯子，“那时走在公园里，忽然想到了一个观点，一种强烈的幸福笼罩着我。在那一刻，我就像步入了天堂，欣喜若狂，如痴如醉，觉得每一个路人，每一片落叶，都是那么美好。我与世界的隔阂消失了。”

爸爸说：“这样的人，内心和谐而强大，精神富足而宁静，不会随波逐流，很少空虚无聊，更不用挥金如土来显示自己的能耐。他们是世界的中坚力量。”

“可是，”杨略总是有疑问的，“如果我就算很努力，到头来还是一无所成，那该怎么办？”许多人放弃理想，就是怕风险太大，不如找个旱涝保收的办公室工作。

爸爸说：“抗挫力强的人，会更重视过程，看淡最后的结果。”

杨略的眼睛里露出了一丝讥嘲的神情。

“这是自命清高啊，爸爸，还有马斯洛先生，难道你们不希望成功吗？凡·高也天天盼着有人买他的画呢。”

马斯洛耸了耸肩，眉毛一挑：“我当然渴望成功。”

爸爸说：“如果只关注结果，忽视过程的快乐，成功的意义就打了折扣。而且，生命本来就只是过程，并没有结果。”

杨略没有完全明白他的话。

爸爸看他眼睛里满是困惑，就说：“有些理想，我们也许不能实现，但这并不意味是我们可以选择不去做。关于这一点，我要和你讲一讲孔子的故事。”

三、孔子：我已尽力，便可无憾

结束了十四年的中原漂泊，孔子终于回到鲁国。第二年春天，趁风和日丽，孔子与子路、冉有、公西华、曾点坐在亭子里。亭子边上百花盛开，清风徐来，令人心旷神怡。

孔子已是须发皆白，不过长年的奔波，并没有改变他的气质。

“各位，不妨说说你们的志向吧。”

他的这些弟子，子路长于治军，冉有长于理财，公西华长于外交礼节，都是一时豪杰。他们也自视颇高，想要有所作为，讲得壮怀激烈。

孔子听了，笑而不答。

一旁的曾点正在弹琴，陶醉于美景之中，似乎没有听见师兄弟们的慷慨陈词。

“曾点，谈谈你的志向吧？”

曾点听到老师询问，就站起来，深深作了个揖。

“我的志向与他们不同。”

“不妨说来听听。”

“老师，我说不出什么冠冕堂皇的话。我的志向，不过是在暮春时节，穿上春装，与五六个同龄人，率七八个儿童，去沂水之滨游玩一番，在沂水中沐浴，到求雨台去兜风，唱着歌，尽兴而归。”

其他三个人都在窃笑。大丈夫当胸怀天下，曾点却只惦记着春游行乐，未免太小家子气了。

他们没想到的是，孔子居然叹道：“多好啊，我赞成曾点，我心里也很向往啊。”

子路的脸上露出不悦的神情。

“老师——”

孔子看子路已是60岁的人了，却还是小孩子的作态，并无半点长进，心里不由一声叹息。他夸奖曾点，并非鼓励无所作为，而是希望点拨弟子，让他们的心胸更为广阔。

子路、冉有、公西华三人，志气甚高，各有专长，他们一意进取，这自然是好的。但如今世道纷乱，霸道日盛，王道日衰，若是满腹才学不得重用，难免会郁郁不得志。因此他赞同曾点的放情事外，能从容自得于日常美景之间，让焦灼的心灵吸收一些灵气，保持活泼与安宁。

可这种体悟，对于孔子而言，也是来之不易。

孔子早年生活困难，立志学习，终于学问通达，在鲁国当到了太都宰，相当于首都市长，很有些作为，于是升任为大司寇，在夹谷会盟中，凭借一张利嘴，讨回了鲁国失地汶上三城。齐国着急了，送了些美女财物给鲁公，让鲁公无心理政。此时，孔子受到贵族的排挤，于是只得率领弟子离开鲁国，希望在列国中找到一位志同道合的国君，让他推广仁政。

但现实却无比残酷。他们到过许多的诸侯国，拜访了一位又一位的国君。但国君们关心的只是军事，希望凭武力征服邻国，积敛财富。

比如前几天，老朽的卫灵公向他请教战阵的事情。

孔子顶了回去："有关礼仪的事情，我是曾听人说过；至于战阵的事，一直没有学过。"

于是道不同不相为谋，加上楚昭王邀请他前去楚国，于是孔子再次上路。不料，在陈国和蔡国之间，他们遇到了最大的险境，受军队围困，遭遇了劫掠，一时穷困潦倒，连吃饭也成了问题。

一连几天过去了，军队没有加害他们的意思，但缺乏粮食，就成了严重的威胁。头一两天，他们还能吃点干粮。此后又吃了两天稀饭。到了第五天，他们连一粒米都没有了，连马也杀掉充饥了。弟子们有气无力地躺在地上。

孔子饿着肚子，满脸的疲惫。毕竟他已是个老人了。但他保持着坦然，一如往常地授课讲道，抽空还会弹琴唱歌。

鲁莽的子路心中不平了，看到老师在这样的时候不去想办法，却只顾弹琴，不免心中充满了抱怨。

"到了这种时候，音乐还有什么用？不过是自欺欺人罢了。"

晚上大家都饿得睡不着，渐渐熬到了东方既白。新的一天到来了，今天会有什么起色吗？

子路听到远处士兵的脚步声、呐喊声，就知道包围并未退去。他一肚子怒气，真想拔出宝剑，冲杀过去，即便战死，也好过坐以待毙。只是，他肚里空空，即便想去冲杀，也没有那个力气了。还不如当初刚被包围时立即采取行动呢，可当时却被老师制止了。

他心里的怨恨愈发浓重了。看到孔子在黑暗中坐起来，肯定也是饿得难受。

"老师。"子路低沉地叫了一声。

"哦，子路啊，有什么事吗？"

"君子也会这么穷困吗？"

旁边的弟子们也都醒着，一听子路的问责，都默然叹息。

孔子在沉思，一时没有回答。

子路追问："君子也会这么穷困吗？"

孔子盘腿而坐，一如平常。在晨光中，他脸上有饥色，更像松树皮了，然而他也确实如老松一般岿然不动。

他听着子路的质问，抑制住腹中的饥饿，缓缓地说："君子固穷！"

他的声音如同洪钟，低沉，但充满了力量。弟子们为之一震。他继续说："君子也有穷困的时候，但却固守节操。小人一到穷困的时候，就不能约束自己，什么事情都做得出来。而一旦不择手段，那就离正道很远了。这才是真的穷困！"

子路感到了一丝惭愧，一时沉默不语。

孔子继续问道："你还记得'匪兕匪虎，率彼旷野'这句诗吗？"

"记得。"

"我们不是犀牛也不是老虎，为什么徘徊在旷野上。难道是我们推行的道出错了吗？"

"如果努力推行道，却没人接受，那就表明道本身还不够完美。"子路的话毫不客气，从语调中也能看到他的不平。

孔子平静地说："子贡，你认为呢？"

子贡是孔子最精明的弟子。他想了一会儿，答道："或许是老师的道太大，太高了，所以大家不能接受。如果能稍微降低一点就好了。"

"降低到大家能接受？"孔子皱起了眉头，分明是有些生气了，"颜回，你说呢？"

瘦弱的颜回站了起来，脸色苍白，像秋天的芦苇，似乎经不起一阵轻风："老师——"

"颜回，你坐下说吧。站着太累了。"

颜回恭敬地坐下。

"老师推行仁爱，至大至刚。但世人利欲熏心，目光短浅，不肯接受这样的真理，于是天下大乱。但正因如此，世间更需要老师去推行仁爱，就算主张不被接受，也丝毫不必忧虑。"

孔子心里非常高兴，连连点头。而子路、子贡还有其他弟子都满面羞愧。君子虽穷而固守节操，小人则不择手段。他们质疑仁爱的价值，想要削足适履，哗众取宠，不正是小人的行径吗？

围困他们的军队守了五天，终于退去。孔子一行到了楚国的负函，素有名望的叶公出城来迎接。

孔子看到他们浑身穿素，十分吃惊。

“这是？”

“我王前日驾薨了。”

孔子顿觉五雷轰顶。楚王礼贤下士，孔子本想投靠于他，在有生之年，将仁政在楚国推行开来，以实现平生志愿。不想天有不测风云，如今楚王一死，楚国定然内乱，他的计划就全盘落空了。

他一整天都如同梦游，魂不守舍。

一直到半夜时分，他躺在席上，还在辗转难眠。往事奔涌而来，少年时的立志，中年在仕途的经历，还有周游列国时遭到的讥嘲，一起翻上心头。

“这么多年了，我带着弟子东奔西走，没有人懂得欣赏我的主张，更不会有人付诸实践。我形同丧家之犬，最终一事无成。”

他的内心，被强烈的失败感所笼罩，觉得这辈子忙忙碌碌，倒不如一个农夫，一个车夫，他们还算扎扎实实做了些事情。要么就像沿途遇到的隐士一样，亲自耕作，与世无争，逍遥度日。

“可是，鸟兽不能同群啊。一想到世道纷乱，我就坐立不安，总想跳出来呐喊几声，尽管喊声都被荒野吞食了，但还是不肯住口。唉，我就是这样的命，根本超脱不了！”

“命？”他玩味着这个字眼，忽然心中的淤塞被推开了，透进了巨大的光明。

“冥冥之中，或许我的命运已经被注定。我要将秩序归于社会，将幸福归于人民。也许注定了我要在等待与流亡中消磨一生，命中注定了我的理想将一无所成。可是，这有什么关系？”

巨大的幸福笼罩着他，像一朵白云，将他托起来。

他继续想下去：“所谓天命，就是没人托付，没人命令，但我认为既得此生，就应该为这个世界去做这样的事情。虽然不一定会得到上天庇佑，但我毫不懈怠。成功了最好，即便不成功，因为我已尽力，便可无憾。”

他浑身热起来，挺身而立，觉得身体轻快，于是走到室外。一轮明月高悬于天际，亿万年来一直那样，阴晴圆缺，云开云合，都无关紧要。他获得了一种力量。

这次的课程，爸爸全是口述，没有影像，但杨略能想象出孔子的伟大和落魄。

“爸爸，我明白你的用意了。”

“说来听听看。”

“当我们认定方向，并努力思考，积极去做，那就不管结果如何，我们都实现了价值。

“我们做事是否成功，除了自己的努力，还需要各种外部条件的配合。但是,外部条件是否配合,我们并不能控制。因此,我们要‘尽人事,听天命’。

“这也就是你经常说的，‘优秀靠自己，成功靠机遇’，对吗？”

爸爸点点头。

“如果具备这样的心胸，从某种意义上说，我们就永不失败。因为我们努力去做了，履行了义务，就可以问心无愧。于是我们不会斤斤计较于成败得失，能够保持内心的快乐。这就是孔子说的‘知者不惑，仁者不忧，勇者不惧’，也就是我想说的‘乐天知命’，这是抗挫力的一部分。”

“这个……很难做到啊。”

“这需要我们用一生去修炼啊。”

说话之时，眼前的场景又悄悄变化了。

第三课

自乐：让心灵充满韧性

一、为什么我们难以放松

这是一间临水的亭子，檐角轻盈上翘，其状若飞。亭子三面围栏，剩下的一面，青石板从亭内延伸出去，化作平台，可以举杯邀月。再化作石阶，一级级往下，渐渐没入清澈的湖水中。微浪叩岸，款款有声，几尾细鱼轻快往来。

湖水浩渺无尽，正是清晨，湖面白雾蒸腾，被阳光一照，浅紫、橙黄、亮红，色彩层层洇开，又相互融合。雾气之中，远山只剩一痕曲线。亭子后面有一株古松，枝干如苍龙腾空，鳞甲俨然，直升到高处，才张开深绿的树冠，将半个天空都遮挡住了。另有垂柳、芦苇、菖蒲，当中闪烁着鸢尾花的湖蓝或鹅黄。

杨略心中升起了蓬勃的诗意，要将眼前之景描述下来。但语言像一只笨拙的手掌，握不住这清风流水。他只好放弃了，静静地站着看。

这时，爸爸一身宽松的洁白长衫，像一名瑜伽师，在亭子中面水趺坐，双目轻合，神情恬然。这在他是不常有的。作为社会中的成功人士，爸爸总是一身黑色西装，出入各种场合，行色匆匆，日理万机，眉头总是紧锁，时刻都在深谋远虑。杨略曾经觉得，这种严肃、深沉、不苟言笑的表情，加上考究的衣饰中弥漫的烟草淡香，才是成熟男人的标志。

因此，今天爸爸的形象，让杨略觉得十分惊奇。

爸爸静坐许久，缓缓睁开眼睛，看到杨略的神情，已猜出了大概，于是淡然一笑。

“很奇怪，对吗？我很少这样。因为今天我们要谈的话题是‘自乐’，也就是，自得其乐。”

说罢，给杨略递来一张卡片，上面写着“自乐”二字，旁边有插图，画着一枝素莲，两片圆荷，都秀挺出水，迎风自悦。下面有几行诗，写的是：

闲来无事不从容，睡觉东窗日已红。
万物静观皆自得，四时佳兴与人同。

道通天地有形外，思入风云变态中。
富贵不淫贫贱乐，男儿至此是豪雄。

爸爸说：“这是程颢的《秋日偶成》，是‘自乐’二字的绝佳注解。心中有操守，无挂碍，所以悠闲轻松，看天地万物都觉得赏心悦目，于是乐在其中。既然心胸如此充实开阔，不管贫贱还是富贵，内心都一样从容自乐。这样的人，才是真豪雄。”

“爸爸，你能做到吗？”

“惭愧的是，以前我与芸芸众生一样，追求着成功，结果变成用双眉拉动汽车的人。”

没头没脑的话语，让杨略十分不解。

“这是什么典故？”

“也算典故吧，用于形容时刻紧张的现代人。这样说也很抽象，不如，我们直接去看看吧。”

话音刚落，杨略发现自己身处一辆公交车内，爸爸站在旁边，拉着扶手，身上已换上黑色西装。车内人满为患，或坐或站，车厢内水泄不通，空气非常沉闷。这是上班高峰期常见之景。车子在巨大的车流中蹒跚而行，一会儿起步，一会儿刹车，乘客也随着一会儿前冲，一会儿后仰，如同风中的芦苇。

爸爸在他耳边说：“略略，你看看大家的表情。”

旁边是一名年轻的女子，穿着黑色正装，头倒在靠背上，双手紧握提包。头发有些凌乱，眼睑闭得太紧，扯得整张脸皮都往眼睛上挤，鼻根处褶皱如蚯蚓。

杨略开始猜测她的情况。她工作肯定辛苦，或许昨晚就在严苛的老板勒令下加班。她满腹怨言，但为了谋生，只能无可奈何，逆来顺受，回家或许已是深夜。晚上休息不好，皮肤就显得粗糙，扑了许多粉也不济事。她没能出身富贵之家，男友也不是飞黄腾达之辈，有房有车只是空想。可没有经济基础如何结婚，如何育儿……稍一想起，就令她五内俱焚。

旁边的中年男子，脸上粗糙如橘皮，正焦灼地望着窗外。又堵车了。他眉间呈现凹陷，表情颇显狰狞。他肯定是家中支柱，父母身体渐衰，儿女正值叛逆，妻子满腹牢骚，加上他自己事业无成，终日辗转，只为生计奔波，更让他焦虑难安，人生渐觉无趣，脾气也与日俱增，常为一点小事拍案而起。

再往四处看，男女老少，服饰各异，但表情颇为相似，都写满焦灼、无奈，而且极少变化，像一张张生硬的面具。杨略知道，面具背后则是奔涌的思绪，瞬息万变，无休无止，海浪一般冲击着面具，时日一久，脸上就有了凝固的表情。

杨略忽然想到了“众生皆苦”这四个字，不由叹息起来。

爸爸在他耳边说：“看到这些人的表情，你会不会怀疑，他们是在用眉头使劲，拉着车子往前跑呢。”

杨略仔细地看看，确实发现乘客们脸上的肌肉都在用力，似乎汽车的动力来源就来源于此，不由觉得有趣。

“是有点像。”

“可我们明明知道这是发动机的功劳嘛。你看，它在哒哒哒高速运转，让乘客免受奔波之苦。既然这样，乘客们本来可以逍遥自在，享受轻松时刻。那他们为什么还要这么用力呢？”

“他们都有心事。”

“确实如此！也许，他们正为过去的事情牵挂不已，也为将来的事情心神不宁。如果这样，他们将永远不能放松。因为过去和未来无穷无尽，永不停息，会一直盘踞于内心，让他们始终处于紧张的状态，并且带有各种情绪，愤怒、恐惧、疑虑，把身体里宝贵的能量都消耗掉了。”

“可是，爸爸，”杨略想到了一个问题，“他们生活压力太大，不能不思考一些问题。而且公交车里条件不好，让他们更加烦躁。如果他们生活富裕一些，事业顺利一点，心情就会平静了。”

“那你看看他们。”爸爸指了指窗外，许多轿车与他们并行，有名车如奔驰、凯迪拉克，也有普通车如宝来、奇瑞。透过车窗，司机的表情清晰可见。奇怪的是，他们尽管开着自己的车，似乎掌控着自己的命运，但表情与公交车乘客并无二致。

“可见，有车没车，不是决定性因素，因为欲望是无止境的。我以前也算成功人士，但我从不知足，像个陀螺一样转个不停，一歇下来就觉得无所适从,不知该怎样打发时间。许多人因此认为我有事业心。真是笑话！唉，也就只有现在，死神已经临近，我才能看破一切，彻底地放松，沐浴在清晨的空气里，享受点湖光山色。”

爸爸说完这话，又一股狂风席卷，场景顿时一变，他们又回到了亭子里，耳边顿时一片静谧，间杂着几声玲珑的鸟鸣，更显清幽怡神。

“长期的压力，长期的紧张，会对身体造成巨大的伤害。举个例子吧，我们走在森林里，四处危机四伏，这时头脑应该高度警惕，身上肌腱绷紧，一遇险情就做出反应。但如果走到安全地带，一定要松弛下来。否则，无用的紧张，就是对神经资源的浪费。可是你看到的芸芸众生，却处于长期的紧张之中，最后透支生命，诱发各种毛病。我的病，估计也是这样来的。”

杨略陷入了沉思。他自己小小年纪，又何尝不是深陷压力之中？高考，高考，唉，永久的烦恼。

“那我们该如何抗压呢？”

爸爸没有回答，他盘腿坐在亭子的青石上，深深地吸了口气，似乎把清晨的美好气息都吸进去。这股空气，缓缓灌入鼻腔，缓缓注入肺中，一定还带有初阳的灿烂、晨风的滋润。

二、压力之下的自我调整

爸爸品味了许久，才开始说话。

“我们常常生活在对过去的回忆、对未来的期待之中。因为过去无论是好是坏，都能给我们一个身份。而未来呢，是不确定的，也许美好得让人充满希望，或许凶险得让人忧虑。当我们的心思完全被过去和未来占据，就会吃饭不知味，走路不长眼，人就心思烦乱，难以安宁。只有活在当下，才会身心放松，发现生活中的美好。”

当下？一个陌生的词语。杨略一时很难理解。

“什么是当下？”

“当下就是此刻，”爸爸指了指周围，“比如你坐在湖边，不想过去，不想未来，静静地观赏雾气弥漫、小鱼游动、远山沉浮，思绪就从无休无止的奔波中停步，内心安恬富足。至于那些乘客，如果能活在当下，观察露水在玻璃上的绘画，聆听车轮碾着马路、晨风透过窗户的音乐，就能从焦虑中解脱出来，内心涌出柔和的愉悦。”

“可是即便这样，他们的生存问题还是没变。”

“不错，问题依然存在。但问题将仅仅是个问题，可以找办法解决，而不要把情绪也卷进去。换句话说，就是你可以为将来做计划，但无须为将来焦虑。一个人会因为焦虑，让生活变得更好吗？不，他只会浪费生命的能量。”

杨略听到这里，若有所悟，但又疑窦丛生，想到了马斯洛说的自我实现，爸爸说的人生规划。

“既然活在当下，当下最重要，未来无所谓，那你为什么还谈人生规划呢？还有那么多经典名言，什么‘人无远虑必有近忧’，什么‘忧劳可以兴国，逸豫可以亡身’，都是为将来忧虑。难道他们都说错了吗？”

杨略连珠炮一般发出质疑。

爸爸似乎早料到他有此疑虑，在一旁的几案上端起一杯清茶，吹去表面的叶屑，再细细地呡了一口，等着杨略把话说完，却没有直接回答，而是剑走偏锋。

“略略，你还记得初三暑假的旅行吗？”

杨略点点头。他当然记得。那时他中考成绩不错，作为奖励，爸爸专程休了假，带他去了西安，半个月的时间，游了大雁塔、秦始皇陵、法门寺，还特意去爬了华山。

华山通体花岗岩，浮土全无，草木稀疏。山路凿在崖石上，异常陡峭，他们必须手握铁索，脚踏石阶，心无旁骛地往上攀爬，一不留神，便有失足坠崖之险。但他们花了四个小时，终于胜利登顶，振衣千仞之岗，俯瞰万里之景，看到了日出云海。他感觉到意气风发、壮怀激烈，那种情景，时隔四年依然历历在目。

很奇怪的是，旅游的日子过得很慢，印刻在脑海中的记忆也极多，如同巨石峭岩，兀立于时光之流中，任凭水击日晒，也不损耗半分。而其他三年时光，浩浩荡荡，过得迅疾无比，等回头望去，甚至一周前的日子，也只剩下依稀淡漠的痕迹。这是为什么呢？

爸爸打断了他的思绪。

“我们在旅行时，知道去哪儿当然重要。但别忘了，旅行的最大魅力，就是眼前一步一景，需要你集中心思于当下，细细观赏，静静品味。如果你只惦记着终点，匆匆赶路，那就成了蜻蜓点水，什么趣味都没有了。就像旅游团的顺口溜那样：上车睡觉，下车撒尿，到了景点拼命拍照，回去一问，啥也不知道。”

杨略笑了起来。

他们确实遇到过许多这样的人。记得华山之游时，许多人乘缆车悠悠而至，清凉无汗，轻松潇洒。其中一位刚 30 岁出头，却腆着将军肚，摇摇摆摆而来。此刻山下云雾上升，洁白如棉，奔涌如浪，汇成云海，当中微露一些蓝色峰尖，仿佛海外仙山，气象万千。

杨略正在沉醉，那人却只是瞥了一眼，说了一声：“哟，云海。”点了点头，表示他已看到，拍了张照片，招呼同伴，走开了去。过了一会儿，他路过一棵华山松。此松扭曲盘旋，从岩缝间握住一点泥土，挣扎着伸出枝叶，顽强得让人惊叹。但那人又只是说了一声：“哟，松树。”便又置之不顾，走开了去。

杨略想到这里，嘴角不由浮现一丝微笑。

爸爸继续说：“其实人生也是如此，理想让我们免于迷茫，赋予人生以意义。但未来是无法把握的，能把握的唯有此刻，全心地去工作，去欣赏，去爱，内心才会自由、富足。这样的人生，才是华丽丰富的。”

杨略被爸爸说服了。正因为旅行中重视每一刻，时间才节奏放缓，而且深深镂刻于心，再难忘怀。他忽有所悟，对爸爸说：“以前一直在说，‘时间就是金钱，效率就是生命’，让我们像奔马一样，被身后的皮鞭所催逼，半秒不敢停留，只顾奋力奔驰。现在想想，跑那么快，又能到哪里去呢？”

爸爸很高兴听到他的觉悟，目光里饱含着温情。

"也许这两句话并没有错，只是大家理解错了。时间很宝贵，值得珍惜。怎样才算珍惜呢？要用来做最有效率的事。最有效率的是什么呢？效率就是生命。而生命就是此时此刻。两句话合起来，就是劝诫我们深深地进入当下，品味生命的美好，这样才有幸福。"

这样的解释别开生面。杨略不由笑了。

"我想这样的人，肯定乐观、宽容。"

爸爸点了点头。这时太阳升得老高，已将晨雾蒸干了。天空和湖面都是一片晶莹的湛蓝，远山露出青翠的面容。杨略不由地躺下去，头枕在交叉的双臂上，看着青山上矗立的洁白云层。

爸爸的心里很感慨。年轻时，他忙于事业，起早贪黑，没时间照顾儿子，偶尔洗几次尿布，就觉得麻烦，浪费了他的时间。后来杨略慢慢长大，他整日在外，也无心管教。一直到杨略读初二，变得消极散漫，他才幡然悔悟，写了许多匿名信，沟通了父子之情。如今想去，事业已淡远，只有这份父子情滋润着心灵。

他沉浸在这种温暖中，过了许久，才轻轻地说："略略，我还要告诉你如何进入当下，其中最关键的，就是学会观察，用心灵去看，而不是头脑。"

三、请用好奇的眼睛打量世界

爸爸指着亭子后面的那株古松。

"你看到了什么？"

"一棵松树。"

"然后呢？"

"是一棵金钱松吧。"

"还有呢？"

"还有？……松树像一条巨龙，身上布满鳞甲。在半空中张开巨大的树冠，树下一片阴凉。这让我想到陶渊明的诗句，'蔼蔼堂前林，中夏贮清荫'。我觉得这个'贮'字真好，好像树木之下，有一潭空气，清凉如水，让人沐浴其中，神清气爽。"

"略略，你很有审美的眼光。我再给你看一张卡片吧。"

杨略接过，卡上写着"眼光"，旁边是一株古松，生于悬崖之巅，崖下有三小人，正仰头观望。下面也有一段文字，写的是：

假如你是一位木商，我是一位植物学家，另外一位是画家，三人同时来看这棵古松。你心里盘算着怎样去买它，砍它，运它。我把它归到某类某科里去，思量它何以活得这样老。我们的朋友却在聚精会神地观赏它苍翠的颜色，它的盘曲如龙蛇的线纹以及它的昂然高举、不受屈挠的气概。[①]

爸爸等他看完，就问道："你知道这三个人看松树，各自是什么眼光吗？"

"商人很功利，植物学家很抽象，只有画家才丰富。"

"木商用的是实用的眼光，想到的是古松能带来的利益。植物学家用的是科学的眼光，理性地归纳、分类。其实他们只是以古松为跳板，在看的同时，思维已飘向远方。只有画家才活在当下，没有欲念、不求推理，以赤子之心，静静地观赏松树的壮美，于是玩味再三，心旷神怡。"

"这三者有高下之分吗？"

"三者都很重要。人要生存，所以讲求实用。要把握自然规律，所以要科学。但审美同样重要，因为只有在这个时候，人的内心摆脱了名利纠缠，别无他念，心灵才是自由的，活泼的，丰富的，豁达的。我们都要有这样的胸怀，才能做得大事业。"

"这让我想到李叔同的话，以出世之心，做入世之事。"

"对，人世间是个严密的利害网，普通人是很跳出的。功利心使一个人的心胸完全为利害得失所充塞，不空灵，不自由，不洒脱，患得患失。只有从这层网中跳出来，进入一种没有利害关系的境界中去，才能从平常的生活中发现美。"

爸爸又递来一张卡片。

大字"日常之美"，是丰子恺的漫画，一间草屋，一片空地，一桌三椅，

---

① 引自朱光潜：《谈美》，北京大学出版社 2008 年版，第 11 页。

三人围坐，空余的位置，留给了一株梅花。旁边有些美妙的词句：

春风如酒，夏风如茗，秋风如烟，冬风如姜芥。

春听鸟声，夏听蝉声，秋听虫声，冬听雪声；白昼听棋声，月下听箫声，山中听松声，水际听欸乃声，方不虚此生耳。[1]

一派明净的意象，杨略读得齿颊留香。当他念到“流萤”，耳边忽然响起一片水声、蛙声。怎么回事？有点茫然。

他努力地在脑海中搜寻。情景想起来了，但时间已经淡忘。眼前出现了外婆家旁边的小溪，然后那棵大樟树也出现了，还有月亮，以及淡淡山影。画面逐渐完整起来。

那时应该刚收完新麦，空气有着麦茬的味道和流水的清凉。趁着月色正好，他们瞒着大人去抓青蛙。打着手电，一群小孩在田间地头寻找。忽然从苎麻丛里惊起一群萤火虫，闪闪烁烁地飞到空中，像一带银河。

“萤火虫。”谁喊了一声。一起扑上去，看准了那些小星星落脚处，拿手就是一盖。谁又拣了个玻璃瓶，将萤火虫聚集其中，此起彼伏地闪动。几个小脑袋挤在一起嘻嘻哈哈地看。

末了，一个说，放了吧。有的反对，不放。不放就闷死了。闷死也不放，闷死了我就有夜光灯了。哈哈哈哈。大家都在笑。周围一片蛙鸣，还有田沟里流水咕咕的声音。闷死了它就不会有亮光了。哦……是吗？当然，我爸爸说的。理直气壮，因为这孩子的爸爸是小学老师，总穿西装，戴副眼镜，满脸权威。

那……还是放了吧。

瓶塞一开，却没有一只飞出来，只是沿着玻璃钝钝地爬。一个用脏兮兮的小手去掏。一个说，不用不用。脱下背心将瓶蒙住，只剩下瓶口对着月亮。不一会儿，萤火虫飞出来，一只，又一只。都飞出来了，又延伸成一带银河。

他们抬着脸，出神地看，每个人的眼睛里都是一闪一闪的，像钢琴上

① 见张潮《幽梦影》。

轻轻跳动的音符，淡蓝的，如冰的，让人变轻，变得很轻，轻得逐渐化入空明。

杨略沉入美丽的意境之中，心情愉悦，嘴角带着淡淡的微笑。

“真美啊。”

“略略，我想带你去见一个人。”

“谁？”

自从开始上这门课，杨略已见过不少声名显赫之人，这次又会是谁呢？他无比好奇。

“海伦·凯勒[①]。”

“啊？是那位坚强的残疾人？”

“没错。”

杨略不由有些失望。海伦·凯勒是身残志坚的典型，而他对这种励志人物并不太感兴趣。这种典型，都未免有些矫情吧。

“她能教我什么呢？意志坚强，自强不息？爸爸，我们已经上过这堂课了呀。”

“如果海伦·凯勒仅仅是自强不息，那还不足以称伟大。实际上，她已从自强走向了自乐，心灵获得了超越和自由。我想让她带你领略什么是美啊。”

“让一个失明的人教我怎么发现美，这不等于请旱鸭子教游泳吗？”

爸爸笑了一笑，又递给他一张卡片，标题是“怎样使用你的眼睛”，画着一位少女跪在青绿的草地上。她有一头金色的鬈发，在脑后挽了个发髻，闭着眼睛，抚摸一朵新绽的黄色玫瑰。下面有几行字：

我看不见世界，用触觉也能知晓世界的美好。在春天里，我摸着树枝，感觉到花朵可爱而柔润的肌理。偶然，如果我非常走运，将手轻柔地放在小树上，可以感觉到小鸟在音律丰满的歌声中快乐地跳跃。我非常喜欢让小溪凉爽的流水从指缝间急促地淌过。我觉得，松针和柔草铺就的地毯，

---

① 海伦·凯勒（1880—1968）：她自幼聋盲，却自强不息，在安妮·莎莉文老师的帮助下，掌握了英、法、德等五国语言，完成了一系列著作，并致力于为残疾人造福，建立慈善机构，被美国《时代周刊》评为美国十大英雄偶像，著有《假如给我三天光明》。

比豪华奢侈的波斯地毯更舒适。

如果我仅仅凭借嗅觉、触觉就能得到那么多的快乐，那么凭借视觉将会获得多少美啊！可是，那些有眼睛的人显然看得很少。对于世界上充盈的五颜六色、千姿百态、万花筒般的景象，他们认为是理所当然的。也许人类就是这样，极少去珍惜我们所拥有的东西，而渴望那些我们所没有的东西。[①]

单单是这段文字，杨略已有些佩服。看来，海伦·凯勒没那么简单。

爸爸说："小孩子总是用好奇的目光打量世界，成人的眼睛则用来看路标，对身边的景物视而不见，因为一切都已习以为常，甚至厌倦，觉得无聊，需要寻找各类刺激。他们就像坐在金山上的乞丐。"

"那我们去找她吧。"

"不是我们，是你。"

"就我一个人？那，她认识我吗？"

"此刻，她正在等待你。"爸爸递给他一个小瓶子，"这个瓶子里，是魔法药水，将它滴进海伦的眼睛，她将会获得三天的光明。同时，你告诉她，希望她能把三天看到的都告诉你。"

"很像童话故事啊。"

"在醒客世界，为什么不把情节安排得浪漫一点呢？"

爸爸又是满脸笑意，温暖极了。

四、假如海伦·凯勒获得三天光明

这是一个郊外的别墅，有宽阔的草坪。草坪尽头是一道长廊，垂下碧绿的枝条，当中点缀着各色的花朵。海伦·凯勒就坐在花架下，沉醉在馥郁的花香之中。她约莫 20 岁，有着象牙的肤色、黄金的头发，穿着洁白长裙，闭着眼睛，像极了睡美人。这么美丽的人儿，却遭遇了人间最大的不幸。

① 引自海伦·凯勒:《我的人生故事》，北京大学出版社，2003 年版，第 124 页。下文海伦·凯勒恢复光明一事，系从她的文章《假如给我三天光明》演绎而来。

杨略暗自叹息。

他走过去，把手轻轻放在海伦的手掌上。海伦感觉到了，抬起头，睁着眼睛——或者说——张开眼睑，无神的眼珠上，像罩着一层浓雾。她急切地问道：“是你吗？走进花园的陌生人。我听莎莉文小姐说，就在今天，会有一位光明天使降临到我身边，并赐给我三天的光明。这个人，是你吗？”

光明天使？一时之间，杨略仿佛置身于明净的童话世界，睡美人等待着王子，而海伦在等待光明天使。而自己竟然承担这样神圣的使命。他不由激动起来，用微微颤抖的手指写道：“是的。”

“太好了。”海伦几乎是一跃而起，将杨略抱得紧紧，“我的好人，我已经等了很久，请你立刻让我恢复光明吧。我……我很想再看看这个世界。”

杨略一阵脸红，他不习惯这样的亲密动作，就从她怀里挣脱，取出瓶子，将药水滴入海伦的眼睛，像一阵清风吹走湖面上的云翳，海伦眼睛中的浓雾散去，变得蔚蓝、澄澈。她看到了一丝光亮，继而色彩像久违的好友一样，欢呼着涌入她的眼帘，让她一时目不暇接。

“我又看到了。”她惊喜地看向四周，每一处都逗留许久，要用目光将这个光彩世界好好抚摸一遍。

杨略看着她流光溢彩的眼睛，也着实开心。

“是的，你又看到了。”

“天哪。”海伦惊讶地看着他，愣了许久，才慢慢地说，“现在我能听见声音了！天哪，这出乎了我的意料。啊，有小鸟的叫声！”她循声抬头，一只乌鸫拍着翅膀，鸣叫着飞过，落进远处一棵梧桐的树冠里，在绿色中消隐无踪，却激起更多的鸟鸣，东一声，西一声，互相应答，脆生生地入耳。

海伦的眼睛流出泪来，双手握于胸前，做出祈祷的样子，面容庄严静穆。

“真不敢相信，世界是这么美好——”

这时，许多人冲了过来，团团地将海伦和杨略围住，雨点般的吻落在他们脸上，无数的话语围绕在四周。

“太好了，海伦，你终于又看见了。”

“海伦，我是妈妈。”

“谢谢你，光明天使。”

“……”

海伦等家人们安静下来，长久地望着他们喜气洋洋，又淌满眼泪的脸，似乎要将这些面容印刻于内心，因为她的光明稍纵即逝。

一群小狗围绕在她的膝下，又蹦又跳，似乎也知道了这件大喜事。海伦惊喜地蹲下去，把它们抱在怀里，抚摩着他们的毛皮。

“你是小司格梯，你是达吉。哈哈，你是健壮的大德恩，还有最顽皮的黑尔格。走吧，我们回家。”

海伦一路看着房间里简单的小东西，脚下地毯的温暖颜色，墙壁上的画，还有无数亲切的小玩意，沙发上的小垫子，地上的拖鞋，桌上的茶杯和花瓶，摆得并不很整齐，但正因如此，才有人味儿，才构成了一个亲切的家。

下午，海伦拉着杨略的手，走进了一片森林。海伦的眼睛陶醉在自然界的美丽之中。一连几个小时，她抚摸着树木粗糙的表皮，看岁月留下的痕迹，偶尔俯下身去，看地上的野花和蘑菇。森林里灌木很多，也有许多柳杉，树干笔直，直插到天空中去。

杨略心里浮起许多灵感，说：“海伦，你看，这些柳杉，多像节日的焰火，点着以后，笔直地冲向云霄，在很高的地方爆开，撒出万条金光。”

海伦沉入美好的想象之中。

“焰火，那一定很美。小时候我或许见过，但我忘记了——我真羡慕你，有双明亮的眼睛，什么都看得见。”

杨略怕触及她的伤心处，就说：“你听，这一声声的鸟鸣，会不会是昨晚在森林里迷路的一小群星星呢？”

海伦被他有趣的想象逗乐了。

“很有可能啊，这些星星在小溪里洗澡，玩得太久，月亮回去了，它们就找不到家了，在森林里走啊走啊，都哭了。”她咯咯地笑起来，声音清脆动听，像个单纯的孩子。“也许它们不是星星，而是……你看，这些树多像竖琴，每一根树枝都是琴弦，清风正在动情地弹奏，琴声就是鸟鸣，那么清脆，那么悦耳。”

杨略听着她美妙的想象，心里愈发宁静祥和，觉得拂面而过的清风，真是一位有情有义的琴师，弹奏出鸟鸣声声。而树枝摇曳、青草起伏、溪水流淌，都像在应声合唱。

杨略内心一阵空明。是的，我们活在珍贵的人间。天上的浮云，轻盈的飞鸟，葱郁的树木，流淌的溪水，还有芳草、鲜花，花草上的露珠，远处淡青色的山峦，吹拂着地上万物的微风，一切都有生命，一切都在相互应和。

以前在他眼里，这都是平常的景物，但此刻他受了海伦的感染，也去除了眼里的障翳，静静地观察。如此觉醒，如此单纯，如此专注于当下，于是一切都焕然一新。

第二天，海伦一早起来，看了壮丽的曙光，就奔赴博物馆，看地球的历史，看人类进步的奇观。匆匆一瞥之后，又来到艺术馆。她细心地观察拉斐尔笔下的圣母、达·芬奇笔下的神秘微笑、提香笔下的芳香肉体。她从柯罗的绘画中重新观察大自然，也饱览了印象派的温暖色彩。她的眼睛被色彩照亮了。

当她意犹未尽地走出博物馆，对杨略说："我依然羡慕你，竟能欣赏到艺术的美！"

第三天，海伦带着杨略在城市里周游。对于现在的城市，杨略没有多少好感。这里的建筑千篇一律，单调乏味。到处都是立交桥、巨幅广告牌、黑色的马路、喷着尾气的汽车、面容疲倦的各色人等。平时，他宁可独坐校园一隅，也不愿意上街闲逛。

但海伦却感觉处处新鲜。她在橱窗边驻足，看里面新款的衣服。她感叹广告牌的精致。大厦的瓷砖印着阳光，灿烂夺目，她也由衷地喜爱。她会在钢制桥梁上小立，看桥下悠悠流水，小艇高速飞驶，拖船慢腾腾地喷着鼻息。

最让杨略感慨的，是海伦的一句话："你看这些立交桥的水泥桥墩，在苦苦地支撑着上面的车流。"

是啊，这些桥墩，粗大厚重，相貌笨拙，让人熟视无睹，却每天都使劲全身力气，默默支撑着城市的交通。除此之外，那些高挑的路灯、坚硬的楼房、奔突的车辆，尽管都其貌不扬，远远不及自然风物让人陶醉，但也各有风姿，静静地服务着。

我们凭什么鄙视城市的意象，而只一味追求乡村、野地的趣味呢？毕竟，我们每天都生活在城市里。啊，我缺少的，依然是发现美的眼光。

杨略在心里暗自叹息，也深深地明白了爸爸的用意。

海伦走得有些累了，坐在繁华的街角的咖啡厅，隔着玻璃，看看路人，试图了解一下他们的生活。这也是杨略喜欢做的事情，看外面人海涌动。每个人都是那样陌生，每个人都有无限可能。

这时，一位拾荒的老人引起了他们长久的注意。他弯腰坐在墙角，头发灰白，乱如败棕，苍老的皱纹上满是尘土与汗迹，旁边是一个皱巴巴的蛇皮袋，袋口露出可乐瓶和纸板。辛劳了一天，他累了，在街头小憩，眉头紧锁，正苍茫地看着远处。

海伦说："他在看什么？他在想什么？他家里还有什么人，为什么不管他？或许他已举目无亲，艰难地维持生计，凄凉地过着晚年。或许，他还有梦想，也许在某个远方，有一种更好的生活……"

杨略也沉入这样的想象，忽有所感，掏出纸笔，写了一些诗句，递给海伦。海伦一看，上面写的是：

都市的鲁滨孙

他的航船在都市里触礁
可惜他已没有护身的猎枪和火药
就在这里，这哀伤的骑士败下
败在落叶的季节，面对另一种波涛

这是一个冰冷的无家可归的人
这是一个渴望灯火与交谈的人
他苍老的脸见证了不是海风的海风
他周旋在不是孤岛的孤岛

当他有难言之隐，他一定会在深夜
苍茫地痛哭，哭声
会一粒粒地，射进黑暗与泥土

而最震撼我的，却是此刻他平静的遥望
在落叶下，他那干涩的心灵
会指向哪一座绿树荫泽的小岛

海伦的眼睛有些湿润了：“杨略，你真的有一双发现美的眼睛。”

“这也是美吗？”

“对苦难的同情，是美的极致。”

“但这并不够。苦难不是拿来欣赏的，而是要拿来改变的。要是能让他老有所养，才是我们的理想。”

“我相信这一点。”

时间缓缓流逝，黄昏渐渐降临。杨略知道，再过一个夜晚，海伦就要重新堕入永恒的黑暗中去了。自己习以为常的光明，对于如此珍惜光明的海伦而言，却只是一个浅尝辄止的美梦。

他们回到了家。海伦安静地坐在沙发上，目不转睛地看着窗台上的一只玻璃花瓶，里面注了半瓶水，插着一枝含苞欲放的玫瑰。夕阳透过窗格，照射在瓶子上。

“你看到了吗？这是再普通不过的瓶子，可是在阳光下，却有那么多的颜色。你看，浅灰色，嫣红色，乳白色，嫩蓝色，还融入了沙发的暗红、座钟的金黄、我头发的金色。多么神奇啊，仿佛一个世界藏在里面。杨略，三天时间太短，我不可能看完世界。不过，看到这个瓶子，我感觉已经看全了世界，现在我的内心充满了甜蜜的回忆。”

杨略一直在点头。

忽然，海伦变得迟疑起来，似乎欲言又止。

杨略问道：“怎么了？”

“还有一个晚上，我就要进入黑暗。这最后的光明时间，我想一个人静静度过，看看书，想想事。当然，我想给你留下一个美好的印象，那就是，我有一双明亮的眼睛。所以，如果我希望你现在离开……当然这样很不礼貌，希望你能理解。你……愿意吗？”

杨略与她相处短短三天，但她的乐观、优雅、聪慧，让他心生钦佩。此时告别，虽是意料之中，却已有些眷恋不舍。

但他答应了。两个人无声地拥抱了一会儿后，杨略回到了爸爸身边，但身边场景已不是那个亭子，而是在自己家里。

爸爸静静地闭眼休息。讲完了三堂课，尽管只是用脑，但毕竟也让他困乏。爸爸的身体已经很容易疲劳了。

杨略觉得惆怅难言。

他在哀伤中沉浸了许久，忽然，一股宁静的愉悦在内心荡漾，并蔓延到整个房间。是的，时间并未终结，过去已逝，将来未到，唯有此刻才弥足珍贵。这正是爸爸给他上课的用意。

杨略站起来，看窗外的建筑与街道。生平第一次，他发现城市竟是如此美妙。他不禁惊叹起来：这似乎是全新的。但事实上，杨略知道，这个城市存在了若干年，他从小就已熟悉，然后因为熟悉而被他遗忘，就像在光明中失明，在幸福中沉郁。

杨略暗自叹息：这些年来我一直在沉睡。或者说，我在地球上生活的二十年，除了好奇的童年，其余时间都沉入了一个漫长的冬眠。

现在我苏醒了，觉悟了！我觉得浑身迸发着活力。我将珍惜人间的一切美好，仰观辉煌的日出日落，俯察万物的生机。当然，也同情一切悲伤与不幸。

一阵清风从窗户灌入，拂过他的身体，将他融化了，融入大地与天空。在长久的静穆中，他逐渐有了神奇的体验：血液与河川一起流淌，思绪和浮云一样闲悠，身体与地球在恒久地运转。然后他昂首，看到了，啊，宇宙无边无际。

“不过，爸爸，怎样才能拥有这种审美的能力呢？”

“我想，学习艺术应该是一条捷径。”

五、凡·高：陶醉在灿烂的色彩之中

正说着，他们的前方就出现了美术馆，通体玻璃的建筑，镶嵌在绿树之间，像一枚钻石，在阳光下熠熠闪亮。

他们走上台阶，美术馆门口立着的雕像是掷铁饼者。表情镇定，身躯扭转，双腿弯曲，右臂上扬，左臂下垂，构成了一张饱满的弓。他的全身就处于一触即发的瞬间，似乎只要一转身，铁饼就会旋转着、呼啸着飞向远处。

《掷铁饼者》

杨略问：“这是仿作吗？”

爸爸抚摸着雕像上结实的腿肌，笑着对杨略说：“在醒客世界里，把米隆的作品搬过来，也不是难事。而且，更奇妙的是，你可以尽情接触，不必担心艺术品会受损。”

杨略赞叹不已，穿过大门，发现展厅异常开阔，四周雪白的墙面上，挂着大幅的油画。一路上，杨略看到了米勒的拾穗者、特纳的云霞、柯罗的树林。前面楼道曲折，有无数个展厅。或许这里汇集了全世界的艺术精品吧。杨略心想，如果在这里开设美术课，那不必远赴卢浮宫，就可静静欣赏蒙娜丽莎的微笑了。

杨略走进了一个小厅，顿觉眼前金光闪耀，一时疑心自己到了皇宫，处处珠光宝气，极尽豪奢。细看时，并无一件金器，只有墙壁上大幅大幅的油画，笔法豪放，色彩鲜丽。向日葵、麦地、果园、咖啡厅，甚至连陋室中一把最不起眼的椅子，竟也放射着太阳般的夺目光辉。其余景物，纵然颜色不是金黄，但也如火焰般升腾，迎向灿烂的阳光。

不用说，这自然是凡·高的作品。

杨略像朝圣一般，大气都不敢出，放轻脚步，一幅一幅地欣赏过去。那样干净、嘹亮的色彩，显示出一个纯粹、燃烧的灵魂，杨略几乎能从画面上触摸到他的呼吸。

“知道吗？”爸爸指着那组燃烧的向日葵，“我经常想，要是我能画出这样的画，哪怕只有一幅，我就觉得没有白活一生……凡·高将生命浇灌进去，给世世代代的人带来了快乐。”

“可是凡·高自己却那么不幸。”

“你觉得他很不幸？”

“他一辈子穷困潦倒，精神失常时还割下了耳朵，最后选择了自杀，当然非常不幸。”

爸爸耸了耸肩膀：“当然，我也很难接受这个事实。那么，你想见见凡·高先生吗？”

杨略十分惊喜，盯着爸爸。梦想世界啊，真是一切都有可能。

“我，可以吗？”

爸爸神秘地点点头，牵着杨略的手，径直往前走去，渐渐靠近了墙壁，那里挂着的是一幅《阿尔①的吊桥》。就要撞到这幅画了，杨略下意识地要停住，却被爸爸往前一推。杨略身不由己，预备着承受冲撞。可是，他什么也没有碰到，反而走进了另一片天地。往回一看，爸爸跟在身后。但美术馆已经消失了，只有一片金黄的麦田，远处是连绵的群山。然后，他感到一阵灼热。他举头一看，一个旋转着的柠檬黄的火球，挂在蓝得耀眼的天空中，四处充满了让人目眩的光芒。

他的眼睛适应了些，看到蓝色的天空下，有一座金黄的吊桥，一辆马车正从桥上经过。河水与天空一样蓝，橙黄色的河岸上，青草茂盛地生长。

多么熟悉的场景。杨略忽然想到了什么，他对身后的爸爸说：“这好像是黑泽明电影《梦》里的场景啊，一位画家走进画中，去寻找凡·高。”

爸爸一笑：“看来我们的程序师很喜欢黑泽明啊。我们不妨也去找找凡·高先生。”

---

① 阿尔：法国南部小城，位于罗纳河畔，以阳光炽烈著称。凡·高曾于1888年在此地作画，达到一生绘画的巅峰，名作有《阿尔的吊桥》《向日葵》等。

河岸上有一群洗衣女，穿着罩衫，头戴五颜六色帽子，正叽叽喳喳，一边劳作，一边高声谈笑。河水荡开层层涟漪。

爸爸走过去，问一位年纪稍长的红帽妇女："请问，你们看到过凡·高先生吗？"

"凡·高先生？不认识。"红帽妇女站起来，一脸疑惑，转身面向她的同伴们，"你们有谁认识吗？"

同伴们也纷纷摇头。

爸爸说："他是个红头发、红胡子的瘦高个子，经常背着画架，到处画画。"

妇女们听到这里，互相一看，一齐发出哈哈大笑。爸爸这样一形容，她们就都知道了。

"您说的是伏热啊？"

"伏热？"杨略有些不解。

"就是红头发的疯子。您知道，我们从未见过这样的人，不务正业，只知道画些没人要的画，穿得破破烂烂。据说，他把所有钱都用来买颜料，平常连饭都吃不上，就喝点苦艾酒。整天在太阳底下乱逛，脑袋都快被晒秃了。您知道，我们阿尔的太阳，那可是有名的毒辣。据说几百年前，有一个国王……"红帽妇女滔滔不绝。其余妇女也不住地帮腔。

"这些我们都知道，"爸爸及时打断了她们的自由联想，"请问，这位凡·高先生，他现在哪里呢？"

一位穿灰色罩衫的年轻妇女说："我早上看到他从吊桥上经过，往那边去了。"她朝南一指，那边是一大片正在收割的金黄麦地。

爸爸和杨略道了谢，沿着麦田中的小路，一直往南走去。一路上，杨略心中非常激动，眼前就是凡·高用心表现的阿尔啊。碧蓝的天空覆盖下，广阔的画面无边无际地展开，颜色那样丰富，成熟麦穗的鹅蛋黄，泥土的橄榄棕，远山的淡蓝色，被阳光一照，都带着一种硫黄一样的黄色。在这样的太阳下，难怪凡·高的笔下都是明亮的、燃烧的金黄了。

在一片收割过的麦茬地里，他们看到了一个背影，白色衬衫，背带裤，戴一顶草帽，顶着大太阳，支着画架，正专心致志地在上面涂抹。

这肯定是凡·高。

他们轻轻地走过去，看到画布上一片收获的情景。金黄成熟的麦地上，错落地散布着马车和稻草垛，远处是连绵的棕色山峦，上面是碧蓝带绿的天空。

凡·高不住地涂抹着油彩，颜色越来越亮。他落笔极快，有种不假思索，直接将生命泼洒进去的气势，酣畅淋漓，旁若无人。直到过了许久，太阳渐渐西垂，凡·高打量着自己的画，觉得大体完整了，签上标题，这才停歇下来，往四周一看，发现了杨略二人。

杨略看到凡·高的脸倔强而干瘦，额头很高，圆而凸起，在强烈的阳光下，眼睛眯着，仿佛深陷在石缝里。坚定有力的下巴上，生满了粗硬的红胡须，一直蔓延到脖子上。

“您是凡·高先生？”

“是我，你们……”

“我们来看您画画。”

“我的画算得了什么？”凡·高用满是油彩的手指点了点各处，“大自然瞬息万变，每一刻都有惊人的美丽。除了这麦地，这树林，这天空，还有天地间的人，割麦的，掘地的，播种的，男的，女的……天哪，都生机勃勃，真是让人心爱，又让人心疼。你们知道这种感觉吗？没错，都值得记录下来。只有这样，我才觉得自己在大自然面前不是无能为力的。”

凡·高说到这里，脸上浮现出一种狂喜。看得出来，能在大自然里作画，尽力表现天地之大美，他感到无比满意，只顾马不停蹄，奋不顾身，把其余的顾虑——比如成功啦，油画的价格啦，身体的健康啦——全都抛在脑后了。这时，他又往西边看了一眼，嘴里不住地说：“看，太阳又要落到山那边去了。这时候颜色最丰富。看到前面那块翻耕过的土地了吗？那些泥土块有种紫罗兰的颜色，那位农民，在那儿播种，穿着蓝色衣服，不，是白色，灰色？他已经被染成泥土的颜色了。事实上，在我看来，他就像长在泥土里一样。再加上那片金黄的麦地，还有金黄的天空，金黄的太阳，啊，真是绝妙的图画！我得赶紧过去，把它画下来。太阳可不会乖乖等着我！”

他一边说着，一边整理起画架，放在肩上，径自快步走了，消失在山丘后面，惊起了一群乌鸦，呀呀地飞了起来。

爸爸目送着凡·高的背影，问杨略：“他在追赶太阳。你还觉得他很不幸吗？”

“好像……他也并没感到什么不幸……”

“生命之价值，在于厚度而非长度。凡·高充分表现了内心的一切，将潜能发挥到极致。一旦选择绘画，无论贫寒、嘲笑，他从来不曾动摇。他是勇敢的、执着的。当他画完一幅幅杰作，达到了自我实现，必然也是幸福的。”

杨略还是有些疑惑：“可是，了解这一点他就满足了吗？您不是说，人的需求之中，温饱、安全、归属、尊重，都要得到满足吗？假如凡·高画出了杰作，但社会并不欣赏他，不尊敬他，他又如何判断自己是否已经实现自我价值了呢？”

爸爸回答道：“我认为，人非鸟兽，有时我们愿意牺牲低层需求，全身心沉醉于创造的激情中。在阿尔的凡·高，成功的愿望已远离他，只有创作的力量和才能，才是他的生命。果园的果树开花了，路边的鸢尾绽放了，夜空的星星闪亮了，都会使他产生一种狂热的欲望，要去把它们画下来。他完全陶醉在色彩之中。其实，我多么希望自己也有这样的时刻，废寝忘食，焚膏继晷，沉醉于幸福的创造之中，感觉自己无比富足！”

爸爸在麦田里行走，越说越激动，手舞足蹈。而杨略在一旁沉默不语，陷入深层的思考，听爸爸继续说下去。

“凡·高生前并未被承认，画作无人问津，但他的一生依然激情澎湃，堪称完美。因为他忠实于自己的理想，并且始终坚持下去，这是最为可贵的。他获得了心灵的自由。”

杨略轻轻抚摸着金黄的麦芒，空气里荡漾着成熟的香味。

六、宗白华：中国艺术让人逍遥自得

他们退出了麦田，回到了美术馆。杨略和他爸爸在美术馆里，流连忘返。这时，迎面走来了一位老先生，约莫80来岁，戴着黑框眼镜，白发梳得整齐，脸上皱纹不多，淡淡的有些老人斑，穿一件藏青色的中山装，手里拿着一根拐杖，微笑着站在那儿。

爸爸介绍说："这位是宗白华[①]先生。"

杨略知道，这是位美学大师，学贯中西。他应该是来谈艺术的吧。只是，这位先生长于理论，并不会作画。说实在的，他有些不太喜欢理论家。爸爸为什么不请齐白石、李可染先生来呢，那些才是他倾心佩服的艺术大师啊。

宗白华先生似乎看透了杨略的心思，笑了起来，眼睛眯成了一条缝："在西方人眼里，宇宙无穷无尽，人生向着无尽的宇宙作无止境的奋斗。[②]所以他们的艺术如哥特式教堂，高耸入天，意向无穷。但在我看来，所谓西洋艺术也存在不足。"

杨略问道："可是，我们一直在宣扬进步，难道这也不对吗？"

宗白华回答道："人类的每一次进步，都伴随着未知的风险。人类控制自然的能力增强了，内心却随之焦躁苦闷。对比一下古希腊人的怡然自得，现代人真的进步了吗？怕也很难有定论。正所谓福祸相生，得失相随，自古都是如此。"

"那中国艺术又有什么高明之处？"

"中国绘画不是以世界为有限的圆满的现实而崇拜模仿，也不是向无尽的世界做无尽的追求，以致烦恼苦闷，彷徨不安。它所表现的精神，是一种融入天地，物我两忘，而后逍遥自得。"

他们拐进了一个展厅，面前的就是一幅国画，仔细一看，是倪云林[③]的《渔庄秋霁图》。可能是身处中国，山水画看得多了，不过是几株树，几片山，几朵云而已，杨略觉得毫无新奇之处。远不如凡·高的画浓烈、绚烂。

宗白华指着这幅画，慢慢地讲解起来。

"这幅画分三段，上段为远景，山峦平缓展开；中段为中景，不着一笔，

---

① 宗白华（1897—1986）：现代的哲学家、美学家、诗人，是我国现代美学的先行者和开拓者，被誉为"融贯中西艺术理论的一代美学大师"。著作有《美学散步》，提炼出一种淡泊、灵启式的生活方式。

② 宗白华 :《美学散步》，上海人民出版社 2012 年版，第 147 页。

③ 倪云林（1301—1374）：名瓒，元代画家、诗人，家富，博学好古，四方名士常至其门。擅画山水、墨竹，师法董源，受赵孟頫影响。早年画风清润，晚年变法，平淡天真。疏林坡岸，幽秀旷逸，笔简意远，惜墨如金。以侧锋干笔作皴，名为"折带皴"。墨竹偃仰有姿，寥寥数笔，逸气横生。

《渔庄秋霁图》

却是一片辽阔平静的湖面；下段为近景，山丘上几棵高树，参差错落，枝叶疏朗，风姿绰约。”

“可是整幅画没有人迹，连一条船，一只鸟都没有，怎么能体现物我两忘的意境呢？”

“别着急，我们看中国画，必须从远山，看到湖面，再看到近处，于是向往无穷的心，返回到自我，做了一个回旋。而不像西洋画一样，视线失落在茫茫的无穷之中，无枝可依，空寂无聊。”

“这样说，倒还真有点意思。”

“中国艺术所启示的境界是静的，因为顺着自然法则运行的宇宙是虽动而静的，与自然精神合一的人生也是虽动而静的。所描写的对象，山川、人物、花鸟、虫鱼，都是充满了生命的动——气韵生动。但因为自然是顺法则的，画家是默契自然的，所以画幅之中，潜存一层深深的静寂。比如这幅八大山人①的画。”

宗白华指着旁边的一幅画，画中一笔寒枝，一只八哥，仅此而已，其余都是大块的留白。

① 八大山人（1626—1705）：名朱耷，明末清初画家、书法家，清初画坛“四僧”之一。原为明朝王孙，明灭亡后，国毁家亡，心情悲愤，落发为僧，他一生对明忠心耿耿，以明朝遗民自居，不肯与清合作。他的作品往往以象征手法抒写心意，如画鱼、鸭、鸟等，皆以白眼向天，充满倔强之气。笔墨特点以放任恣纵见长，苍劲圆秀，清逸横生，不论大幅或小品，都有浑朴酣畅又明朗秀健的风神。章法结构不落俗套，在不完整中求完整。

《八哥图》

杨略觉得，这只八哥像一位老僧，已融入遗忘于宇宙悠渺的太空中，意境旷邈幽深。

宗白华继续说：“至于山水画中，一丘一壑，简之又简，所得到的是一片空明境界。在空白处随意布放几个人物，人与空间，融成一片，于是悠然意远，而又依然自足，都是无尽的气韵生动。画面的空白并非真空，乃是宇宙灵气往来、生命流动之处。至于作者，其性灵早已融入笔墨之中，有时寄托于一二人物，浑然坐忘于山水之间，如树，如石，如水，如云，是大自然的一体。”①

“听起来好美。”杨略感叹道。

爸爸在一旁说：“是的，中国绘画和哲学强调物我两忘，天人合一，这对内心的强大显得无比重要。”

宗白华说：“静静欣赏中国画，让人身心安宁，行动闲雅，神情舒缓，心灵更为健康，开阔，宽容。”

宗白华说完这话，身影悄悄淡去，展厅里的色彩也消退了，最后，只剩下洁白的墙壁。

这一课结束了。

杨略和爸爸退出了游戏。

① 引自宗白华：《美学散步》，上海人民出版社 2012 年版，第 149 页。

第四课

自爱：懂得生命的价值

一、所有的生命都是无价之宝

第二天，吃完早饭后，杨略坐在爸爸身边一起看电视。一则新闻吸引了他们的注意。

主持人说："近日，有54个孩子相约一起自杀。"

"太夸张了吧。"杨略叫了起来。

"太不珍惜生命了。"爸爸也叹息。

"到底是为什么呢？"

原来，这些孩子都玩一个"幽鲸"的游戏。其游戏规则是：每天凌晨4点起床，看恐怖电影，或是虐待动物的视频；在手臂和腿上用刀片自残，并拍照，以此进入下一关；在手臂上刻一条鲸鱼，表示自己孤独、高傲，不和任何人说话……慢慢地，他们克服了对死亡的恐惧，一步步滑向自杀的深渊。

节目里还说，这些孩子有个共同的特点，就是在学习和生活中充满挫败感。而游戏更强化了这一点。因为游戏的设计者会重复对孩子们说"你很丑""你是垃圾""你没出息"等，让孩子们陷入自卑情绪之中，充满虚无感，没有价值感，最后陷入无法自拔的绝望："对，我又丑，又没用，简直就是垃圾，那我为什么还要活着呢？"

爸爸感慨道："懂得生命的价值，对于这些孩子来说，简直太重要了。我们应当好好学习下'自爱'了。"

于是，他们的课又开始了。

他们一起戴上了头盔。杨略进入半睡眠状态，睁开眼睛，只觉周围白茫茫一片，异常刺眼。等适应了些，才发现周围全是冰雪，覆盖了原野、山脉。天空一朵云也没有，出奇的湛蓝清亮。

他往前漫无目的地行走，丝毫不觉寒冷。显然，他是置身全息影像之中了。爸爸不知道藏身何处呢？而且，这冰天雪地，与自爱有什么关系呢？

正在胡乱猜测，忽听山后有人在呐喊呼啸，间杂着大象的悲惨嘶鸣。

他急忙奔跑过去，山并不高，不多时就到达山顶，往下一看，山脚的平地上，十来个身披褐色兽皮的人，手持长矛，口中发出呼噜噜的怪叫，围住一头高大的猛犸。

那猛犸足有两层楼高，浑身棕色长毛，已被扎了许多伤口，鲜血直淌，狂躁地怒吼着，晃动两根雪亮的长牙，对准人群左右挥舞。那些原始人却并不着急，灵活地蹦跳躲闪，趁着猛犸垂头之机，将长矛刺向它的眼睛。

猛犸的左眼被刺中，鲜血长流，一时疼痛难忍，仰天长啸一声，一步步往后退去。而它的身后，便是陡峭的悬崖。杨略感叹，这群人真是聪明，找到了一个极好的伏击地点，想借助自然地形，猎取如此的庞然大物。于是他走下山来，想看个究竟。

那群人看到局势越发有利，目的即将达成，不由欢喜雀跃，解除包围之势，都聚在一边，蹦跳呐喊，用长矛不住地刺戳。那猛犸百般无奈，又害怕长矛的锋利，只得缓缓地退向绝路，发出更凄惨的鸣叫。

正在这时，杨略忽然感到脚下的土地在震颤，凝神静听，似乎有闷雷滚过。往天上一看，洁净无云，哪有雷鸣之状？正在纳闷，那群人也警觉起来，四处观望。有一人向杨略这个方向看，脸上露出恐惧之色，厉声喊叫起来。伙伴们也纷纷往这边看，一看之下，无不惊惧畏缩，似乎看到极为可怕的事物。

杨略觉得奇怪，他们应该看不见自己才对。况且，自己有这么恐怖吗？他不由转头往后看去，只见身后小山似乎正朝自己压过来，白色的山坡上，涌动着一股棕色的波涛。定睛看去，原来是一群猛犸，约有二三十头，如同海涛狂啸一般，沉重而凶猛地席卷而来，一时地动山摇，声势震天，让杨略不由心惊肉跳。

它们肯定是一群迁徙的猛犸，途经这里，听见同类的哀号，就起了同仇敌忾之意。

那群原始人惊慌失措，丢弃了猎物和长矛，只顾往旁边夺命狂奔。只有一人看见了猛犸群，反倒迎面而来。杨略大惊，这人是不是疯子，以为凭他一人之力，能抵得过这群怒气冲冲的猛犸吗？

猛犸群居高临下，一泻千里，速度极快，一下子将奔跑的人群淹没了。

铁蹄过处，留下一堆堆凌乱的血肉，印在白色的大地上，异常凄惨醒目。

倒是那迎面而来的疯子，身体矫健，从猛犸群的空隙中钻过，跑上了小山，沿着山脊飞奔。那群猛犸体积庞大，刚才急速奔跑，一时停不住脚，有几头滚下了悬崖，也顾不上去追杀那逃逸的幸存者了。

这一幕，杨略看得惊心动魄，感慨万千。一是感慨原始人的生存何其艰辛，二是感叹那疯子反而是临乱不惊、绝处逢生的勇士。

这时，爸爸出现在他身边，搭住他的肩膀。

“略略，你知道吗，这位幸存者，就是我们的祖先。”

“你怎么知道？”杨略有些惊讶。

爸爸却一笑：“想当然而已。”

“祖先可以乱认的吗？”杨略觉得爸爸真荒唐。

“就算他未必是我们的祖先，有一点可以肯定，我们的祖先也在类似的磨难中死里逃生了。至少，他在生儿育女之前，一直都是幸存者。”

“为什么呢？”

“如果他死了，哪来的我们？”

嗯，这道理倒是很简单。杨略点点头。

爸爸说：“我们继续往下看吧。”

时光飞快流逝，冰川融化，大地恢复生机。季节急速变换，一会儿百花灿烂，满目青翠，一会儿秋叶飘零，白雪覆盖。也不知道过了多少时间，画面渐渐定格了。

一望无际的原野上，数百辆战车齐齐整整，一字排开。每辆战车配四匹战马，车上站着三名武士，全身皮甲，头戴铜盔。左边的执弓，中间的执鞭，右边的执矛。另有四名武士站在车的两边，手执矛盾，腰插短剑。战车后面，则是一排排握着戈矛的步兵，列成整齐的方阵。

战士们忽然波浪般分开，马蹄声中，一辆装饰华贵的大车穿过人群，驰向最前列，车上的将旗在晨风中猎猎作响。士兵们把目光投向车上一个身材高大的中年男子，他全身青铜甲胄，胸口铸有猛虎，左执黄金斧钺，右持白旄旗帜，显示出尊贵的身份。他的旁边是一位须发皆白的老者，也是身披甲胄，神采奕奕。

战车在正前方停下，又调过头去面对着整个军队。在霞光的映照下，男子举起旄旗，开始高声说话。在这空旷的原野上，每个人都听得很清楚。

“远来辛苦了，我的勇士们！举起你们的戈，排好你们的盾，立起你们的矛，战斗就要开始了！”

随着一声齐整的呐喊，将士们举戈立矛，排齐盾牌，它们在晨光下闪着耀眼的光芒。朝霞殷红如血，又如激荡的火焰，将土地渲染成一片鲜红。

“纣王宠信妖妇，残害忠良，虐待百姓，导致天下大乱。今天，我们奉天之命，要铲除昏君，重整乾坤！”

将士们士气大振，欢声雷动，响彻云霄。

此时天已大亮，远方的商军阵形显出轮廓。本来斗志昂扬的将士们不禁倒抽了一口冷气：商军黑压压的，几乎要一直排到天边，翻飞的旗帜像森林一样一望无际。他们的人数远远超过自己。将士们刚刚鼓起的勇气又快要低落了。

爸爸说：“这是武王伐纣的决战——牧野之战。那位中年男子就是周武王姬发，旁边的老者是姜子牙。此时，纣王的精锐部队远在南方征讨东夷。周武王集结了五万多人，乘虚而入。纣王无兵可用，只好武装了一批奴隶和囚犯，总计十七万人，自己率领禁卫部队押送，奔赴前方战场。”

杨略向来喜欢电影中的大场面，看到眼前如此宏大的阵势，此刻不由心潮澎湃。

“这又是一场以少胜多的战役啊？”

“商军是乌合之众，武器也落后，所以失败也在所难免。我们来看局势的发展吧。”

广阔平坦的牧野大地上，周军开始进攻了。数十辆在朝阳下熠熠生辉的战车组成一字阵，像坦克一样逼近商军阵线。

商军的弓弩手都是临时工，未经训练，箭法本就不准，看到战车疾速逼近，手都哆嗦了起来。等周军战车越来越近，铠甲上的狰狞兽头都能清晰看见，箭如飞蝗，从战车上飞来，商军更是斗志全无，一片惨叫哀号，四处逃窜，商军的阵线上出现了一个又一个的缺口。

此时，惊人的一幕出现了。

姜子牙忽然催动战车，呐喊一声，率领另一支车队，从缺口冲入了商军之中。白发苍苍的姜子牙骁勇异常，在战车上闪展腾挪，手持青铜剑，左挥右挡，溅起片片血光，有几分老黄忠的威武气势。

爸爸说："姜子牙已经是80多岁的老人了，还能这样勇猛，真是令人惊叹。"

杨略也产生疑问："爸爸，你设计的这个场景真实吗？"

爸爸说："我是按照诗经中的描述设计的。《诗经・大明》[①]说的就是姜子牙和武王相互配合的场景。"

杨略想，诗经毕竟是文学作品，尤其大小雅是歌功颂德之作，夸张一些怕也是难免。

正在想着，战局发生变化。姜子牙及其战队纵然英勇，但毕竟势单力孤，很快就被商人的优势兵力包围。尽管如此，他的目的达到了，商军的阵脚已经大乱。纣王在后面拼命指挥，但奴隶们缺少训练，并不听从指挥，人人贪功向前，结果乱成了一团。

后方观战的武王看准了战机，命令挥舞军旗，擂起战鼓，主力战车部队开始了冲锋，像一片巨大的乌云从地平线上席卷而来，呐喊声响彻云霄。才一会儿工夫，就突破了前线，战车冲进敌阵，远的用长矛，近的用短剑，到处血光飞溅。

商军抵挡不住，有几个机灵的回过神来，扭头就跑，旁边的人纷纷仿效，倒将后面的士兵都踩倒了一大片。霎时间，十余万人如同潮水一般退去。周军则在身后大举追击，顷刻间已追到朝歌城下。

---

①《诗经·大明》原文："牧野洋洋，檀车煌煌，驷騵彭彭。维师尚父，时维鹰扬，凉彼武王。肆伐大商，会朝清明。"翻译：牧野辽阔无边，战车威武辉煌，战马无比强壮，我朝太师姜尚，势如雄鹰飞扬，辅佐英伟武王，疾速讨伐大商，顷刻天下清朗。本处情节由此诗拓展而来。

杨略问："我们的祖先也参与了这场战争吗？"看了这么一部大片，他又想到了观影的目的。

爸爸说："当然。这场战争对我们的祖先而言，意义非同小可。"

杨略好奇地四处寻找。他的祖先是骁勇善战的将军，还是仓皇逃窜的奴隶？

爸爸说："不用找了，我们的祖先就是周武王。"

这就有点离谱了。杨略看了看那位英武光辉的君主，又惊讶地看着爸爸。

"爸爸，武王他……好像姓姬啊……"

"姬发死后，成王即位。成王有一回玩游戏，举着一枚梧桐叶，赐给弟弟叔虞，说要给他一块封地。周公说，君无戏言。于是，叔虞就得了块封地。等他死后，封地就分给了儿子。其中有个儿子分到了一块叫杨的封地，于是他以封地为姓，改名杨柠，这就是我们的始祖。此后杨姓生生不息，才有了我们。"

"原来如此。"杨略听得心旷神怡。

"这样说起来好像世代繁衍很简单，其实当中历尽了艰险，充满了变数。比如说，武王兵临城下时，纣王可以用奴隶充军，直接进攻；也可以弃城南下，与主力大军会师。如果他选择了后者，日后回攻朝歌，武王也许会面临灭门之灾，而你，我，都不再有出生的机会。"

"即便是这样，武王毕竟是王族，就算遭到惨败，也应该能全身而退，子孙还是能够保全的吧。"

爸爸点点头："这样说也有道理，但我们的祖先也不全是王族，大多数是平民而已。一有战乱，最苦的就是百姓。什么春秋战国，什么楚汉争霸、三国鼎立，几千年的历史中，充满了动乱。而每次动乱，我们的祖先都不可避免地卷入其中。"

说到这里，眼前场景又开始变换，数千年的兴盛与衰亡、战争与和平，波澜壮阔，周而复始，无休无止。杨略只能蜻蜓点水，看几个片段。

三国时，他们有一位叫杨益的祖先，是一员籍籍无名的武将，在曹操手下任职，经历赤壁之败，被大火烧伤了手臂，但幸运地逃脱了，截肢后退伍回家，生儿育女，得尽天年。

唐朝末年，有一位杨承恩的祖先，是位朴实的农民，黄巢之乱时，他带家眷逃入深山，开辟荒山，捕猎猛兽，保全了性命。

此后的宋元之交，明清之变，他的祖先虽然没什么大成就，但到底幸免于难。

到了日军入侵之时，杨略的曾爷爷杨贵是农民，被国民党军抽了壮丁，负责拖大炮，在枪林弹雨之中，冒了许多危险。

有一回部队遭到日军的狂轰滥炸，伤亡惨重。他躲在一个弹坑中，眼看一个同伴大腿中弹，在地面上呻吟，暴露在日军机枪的射程之内，情况万分危急。

他心中不忍，逞一时之勇，爬出弹坑，飞快地拖起伤员，只听轰的一声巨响，一枚炮弹落在刚才的弹坑里，炸得沙石飞溅。他吓得心惊肉跳，刚才要不是去救人，自己肯定被炸得粉身碎骨了。

当晚，国军撤退，日军攻势稍缓。他和同伴趁机逃离战场，一路风餐露宿，九死一生，逃回了家乡。

杨略爷爷杨一雄 15 岁时，瞒着父母，跑去参军，历经解放战争、抗美援朝，枪林弹雨中，身上留下许多弹片，但终于幸存，并生儿育女，此后随部队南下，定居于温州。而后杨略爸爸出生，读了书，考取了大学，来大城市发展，并生下了杨略。

杨略看完家族史，不由感叹："我们是多么幸运啊。"

爸爸说："你看到的，还仅是杨姓祖先的历险记。其实，我们得以出生，还有赖于无数的母亲。你妈妈、你祖母、曾祖母、曾曾祖母……都有各自的姓氏，而她们都各自有一条长长的祖先链。所以，我们有数不清的祖先。"

杨略仔细一想，脑子里出现了一棵家庭树形图，下面是他，往上有爸爸妈妈，再往上是爷爷奶奶、外公外婆，再往上呢，越往上分叉越多，织成了庞大无比的脉络。

爸爸说："这么多的祖先，只要有一人没有留下后代，世上就不会有我们了。"

杨略想到这一点，心里凛然一惊。祖先的这张网络，可以追溯到秦汉、商周，可以追溯到冰川时代，甚至，可以追溯到白垩纪、三叠纪，一直追溯到地球上第一个生物。在三四十亿年历史中，这条网络的任何一点断裂，他，杨略，将不复存在。

一时间，他居然有如履薄冰的感觉。

可是，幸运的是，这条长链没有折断。他神奇地降生了，来到了这个星球。而且不仅是他，地球上的所有人，甚至所有生灵，包括每一只昆虫，每一只飞鸟，每一个细菌，都是幸运儿。

他心里忽然豁然开朗。之前爸爸让他学会观察，而直到此时，他的眼睛似乎才真正地睁开。因为在他眼前的万事万物，都是亿万年孕育的精华，都是无与伦比的奇迹。它们都有着钻石的质地，历尽考验而坚韧不拔，发出太阳般璀璨的光辉。

于是，爸爸的感慨引起了他的极大共鸣："我们所有的生命都是无价之宝！每个生命的出生和陨灭，都是宇宙中的一件大事！"

是啊，所有生命都是无价之宝！正因如此，蜉蝣虽然朝生暮死，却依然执着地生存。鸣蝉虽然需要花费十五年的地底生活，才换来一副翅膀，飞翔一个夏天，但它们无怨无悔。正因如此，人生道路虽然崎岖不平，结局总是死亡，但依然要奋力向前，品味生之喜悦，万不可消极度日，浪费生命。

杨略的心要沸腾起来了。

二、抗挫需要好好地爱自己

这时，他们又来到了那间湖边的小亭子。柳树、竹林、古松，清风拂过，鸟声流过，一切依然宁静安恬，似乎亘古以来便是如此，历史的风浪从未侵袭这里。

"如果我们现在讨论自爱，你会觉得意外吗？"讲完了恢宏的家族史，爸爸问杨略。

"爸爸，自爱到底是什么呢？"

爸爸又拿出一张纸条，上面写着"自爱"，旁边是一位少女，穿着雪白的裙子，在翠绿的草地上轻轻舞蹈，脸上洋溢着阳光般的微笑。下面是一段话：

自爱就是：我的内心最深处知道自己是值得爱的，不管我举止如何，外表如何，健康还是疾病，出自何种家庭，做出怎样的成绩。我知道，我不必是个什么不凡的人物，才值得爱。我可以持之以恒地走自己的路。[①]

杨略看完，觉得插图不应该是这位阳光少女，而应该是顾影自怜的那喀索斯。他把疑惑抛了出来。

“那自爱与自恋有什么区别？”

“自爱和自恋的区别，在于能否实事求是。自恋的人总是自我感觉良好，所以永远都不能进步。而自爱是善于自省，正视自己的缺点，同时相信自己能修正。自爱意味着真诚认识自我；而自恋者,则是自欺欺人。所以，自爱还有一个反义词，那就是自卑。”

爸爸又拿出一张卡片，写着“自卑”，旁边的图像是光鲜亮丽的人群中，有一位暗灰瘦小的男孩，垂着头，衣服被风刮得往后鼓起，像一只虾，也像一个问号。下面有一段话：

当一个人面对一个他无法适当应付的问题时，他表示他绝对无法解决，此时出现的便是自卑的情结。光认为自己卑下，还不是自卑；只有认为自己卑下，且无法加以改变，才是自卑。

杨略点头。无论遇到什么状况，人都可以有两种选择：默默忍受还是奋起抗争。除了自己轻视自己，没有人能让我们陷入心理疾病。

爸爸说：“所以自爱的定义，还要加上一点，就是能接受自己不足，还要深信自己可以改正，并且努力去做。”

“爸爸，怎样才能做到自爱呢？要知道，每天念叨着我是宇宙精华之类，

① 引自【德】尼娜·拉里什·海德尔著，朱刘华译：《爱自己》，北方妇女儿童出版社，2010年6月，第20—23页。

到底有些自欺欺人。如果我因此而消极无为，自满自得。若干年后，别人都事业有成，我却一事无成，虽然可以号称精神贵族，但总会被人笑话。”

爸爸也喜欢他的务实精神。他是商人，也最讨厌空中楼阁式的宣言。

“确实有一些人，比如老子、庄子，能够看透世事，淡然处之。一般人可以学习，但很难做到。”

杨略很有同感，他认真学过老庄，自觉内心坦荡。可是，当他看到同龄人出书成名，心里就沮丧不已，可见完全做不到宠辱不惊。

爸爸继续说：“其实，自爱的基础，乃是自信。一个人有了足够的自信，相信自己有用，有价值，才会爱自己。所以有自信才能有自爱。而自信的基础则是能力。当你能力增强，取得成绩，获得自信，进而变得自爱，也乐意促进别人成长，慢慢就会对社会形成影响力。人，就是这样影响世界的。”

杨略听完觉得非常温暖，眼前出现许多同心圆，像是层层的涟漪，核心是自爱，往外相继出现了爱别人，爱世界，爱自然。

“或许，在浩大的世界面前，个人也并非无能为力。”

三、别惊讶，每个人都会名留青史

时间已是晚上，杨略和爸爸住在一间竹楼，竹瓦、竹墙、竹床，就地取材。拉起竹帘，伸进来青翠竹叶，便是一幅好画。天色全暗下去时，春雨淅淅沥沥地飘落。雨水落在竹林中，有沙沙声，弥漫开一层烟雾。雨水落在竹瓦上，叮叮然，有琴弦之声。

杨略和爸爸陷在沙发里，背后是书架，面前是几案，茶香袅袅，天花板挂下一盏灯，光色橙黄。杨略最喜爱这种氛围，天地间细雨不绝，房间内温暖洁净，适合读书，聊天，神游天外。

但爸爸的话，打破了这种宁静。

“我想说的是，每个人都会名留青史！”

“这是励志吗？不想当将军的士兵不是好士兵？”

“不，我只是陈述一个事实。每个人或多或少，都会在历史中留下痕迹。”

“但这种痕迹毕竟太浅了，甚至可以说没有。”

"所以我们的历史，好像就成了某些大人物的历史。似乎只有他们才是历史的主体，其余芸芸众生都成了背景，化作沉默的大多数。"

"这很不幸，但却是事实。"

"如果让你选择，你愿意成为历史上的哪位人物？"

"项羽[①]！"

杨略脱口而出，他虽爱好写作，也佩服一些文人。但内心里，倒极愿意做一介武夫，金戈铁马，驰骋沙场，怒则悲歌，喜则击节，何其痛快！而项羽英勇盖世，又性情率真，更是他心中偶像。

爸爸知道儿子的秉性，也颇为欣赏。

"那就不妨一试吧。"

好玩的游戏又开始了。爸爸按下按钮。

于是杨略沉入梦中之梦。他睁开眼睛，只见一片天高地阔。自己身上穿了一身白色锁甲，手中握着一杆长矛，尖刺磨得雪亮，腰里挎着一口宝剑，两条血红的穗子随风飘摆。他疑惑地往下一看，身下是一匹彪悍的灰白色战马，站在山丘之巅。再看看身后，只有一名骑兵巍然挺立，穿着红色盔甲，表情如同寒铁一般冷凝，高举着一面翻飞涌动的旗帜，上面写着大大的"项"字。

他心里一喜。自己真的成了项羽。

再看山下，这是一片辽阔无垠的平原，偶尔隆起几个山丘，像雄阔的瀚海上的几痕浪涛。四周全是黄色的枯草，整个大地像覆盖了一层熟牛皮，连天空也是黄蒙蒙的。尘土飞扬之中，一群群士兵正在厮杀。杨略看到，穿黑色戎装的士兵在人数上明显占了优势，黑压压的铺天盖地，像涌动的波涛，搅动一个个漩涡，将穿红色戎装的士兵困在当中。但红衣士兵十分凶悍，不甘示弱，一个个杀得表情疯狂，眼珠凸起，凶神恶煞一般，并不住地齐声高喊："杀！杀！"面对强敌也毫无惧色，与他们扭杀在一处。双

---

① 项羽（前232—前202）：名籍，字羽，力能扛鼎，举世无双。秦末发动起义，在巨鹿之战中大破秦军主力。秦亡后自立为西楚霸王，统治黄河及长江下游的梁、楚九郡，后为刘邦所败，在乌江自刎而死。

方的喊声震天动地。

杨略忽然有种奇异的感觉，不仅浑身的肌腱充满了力量，而且心中一点怯意也没有，整个身体像被清风流水洗涤过一般清爽。他闭上眼睛，感觉很安宁，听得见自己平静的呼吸、像钟鸣一般稳实的心跳声，还有身下战马沉重的鼻息、马蹄踏地的哒哒声。

这样过了许久，忽然胸中一股热血奔涌，迅速地辐射到四肢与头脑去，他猛然睁开虎目，双眼像电光一般往四处一扫，厮杀声又重新传到耳朵中来。

该行动了！他感到一种神圣的责任。于是一鞭子抽下去，战马高声嘶鸣，前足高高腾空，像要振翅飞翔一般，后足猛然一蹬地，整座山丘被蹬得似乎往后移了几寸。一人一马，高高跃起，又轰然落地，继而居高临下地急速飞驰。

红衣士兵见到他的神威，不禁为之折服，高声齐呼："项将军！项将军！"情不自禁地聚拢在一起，紧随其后跟了上来，顿时万马奔腾，齐头并进。好像发生了泥石流一般，整片红色的山坡往下滑动；又像一柄庞大的长矛，而白衣将军一马当先，就是长矛的锋尖，雪亮耀眼，向前猛刺，将黑色的包围圈戳开一个大口子。

杨略纵马跃过沟壑，双臂随意挥舞，长矛翻飞处，锋刃闪烁，如梨花点点，瑞雪纷纷，间杂着桃花纷飞。他并不想多伤人。这时他发现了一个目标。远处小山丘上，立着一位高大的汉子，穿着黑色战甲，戴着金黄色的头盔，坐在一匹缀满金片的战马上，被许多旗帜簇拥在当中。此人正指指点点，控制着底下士兵的动向，显然是敌方主将。

他目标一定，无心再与士兵纠缠，只是厉声喝退成群结队的黑衣士兵，径直飞驰向前，如入无人之境，像一道白光在阵地上飞速穿过。而那些黑衣士兵被他凌厉的气势吓得像被施了魔咒，呆呆地看着那道白光从面前闪过，竟然不知道抵抗，反倒纷纷后退，万军丛中，给他腾出了一条通道。

这时太阳从云层间射下一道道光柱，让所有的士兵都一阵目眩。而杨略已飞驰到了山丘上，几乎撞到了敌将的战马。他将长枪挂在马鞍上，一勒马缰，战马像人一样立起，他趁机空出右手，噌啷啷从腰间抽出长剑，高高地举了起来，剑锋在阳光下熠熠生辉。那敌将不敢相信他居然从天而降，一时有些发蒙，竟然想不起提起手中大刀，而是下意识地抬起了左臂去招架。

杨略将长剑一挥而下，只见银光一闪，血光迸现，敌将手臂应声落地，又顺势将长剑横向一扫，切断敌将的喉管，身下战马前足落地，继续向前急奔，剑的力度更加大了几分，把敌将带下马来，尸身倒在地上，血迹将草叶染得鲜红。

说时迟那时快，从拔剑到敌将倒地，不过电闪雷鸣的一瞬间。旁边的敌兵哪里还敢上前，呆呆地看着杨略纵身下马，提了首级，又翻身上马，从容地疾驰而去。

杨略一击得手，胸中涌起万丈豪情。他奔驰了一阵，勒住战马，站在山丘高处。血腥味扑鼻而来，让他更为亢奋，于是举起长剑，感觉肌肉块块饱绽，高声长喝了一声："啊！——"如虎啸一般，在平地起了一个炸雷，盖过了战场的厮杀声。

红衣士兵们闻声回头，看见杨略的神威凛凛，都倍感兴奋，纷纷举起手中武器，齐声应和，声音如怒浪一般奔涌扩开去，席卷了整片阵地。黑衣士兵们看到主将身亡，又见敌将如战神一般熠熠生辉，哪里还有斗志？一个个抱头鼠窜，只顾保命去了，阵脚顿时大乱，任由红衣士兵们切菜一般杀戮。

杨略还在高呼，忽然浑身一阵战栗，耳中喧嚣声潮水般涌来又退去后，他清醒过来，自己已回到竹楼，雨声、茶烟，一派宁静。战场消失了，只有心脏依然激烈地跳动。

爸爸说："你看到的就是巨鹿之战。"

杨略喜欢历史，喜欢项羽，自然知道巨鹿之战。那时陈胜起义失利，反秦联军杀到关中，却开始观望，畏葸不前。只有项羽孤军作战，率领七万士兵，才用了半天时间，就大破秦将章邯的二十万大军，一时威震海内，被尊为西楚霸王，秦朝至此气数已尽。

"我刚才斩的，就是秦军先锋大将苏角了？"

"没错！"

"啊！"杨略惊叹一声，看自己的手掌，"真是过瘾！"

“你是不是觉得，只有成为项羽一般的大人物，才能影响历史，进而青史留名？”

“难道不是吗？”

“我还是那句话，每个人都能青史留名。”

杨略摇头了：“可我们就算翻遍史书，能找到我们杨氏的几个祖先？大多数只是默默无闻，像粉尘一样消失在历史之中。”

爸爸呷了一口茶，似乎还是刚才那一杯。杨略感觉在梦中似乎过了许久，但在爸爸这里，还不到一杯茶的时间。

“说得科幻一点，我们每天的生活场景，像影片一样，以光速往宇宙深处投射，如果不被遮挡，就永远在前进。比如此刻，在二十光年外的某双眼睛，或许可以看到你一岁时的样子，穿着开裆裤，在阳光里蹒跚学步。”

啊，爸爸的话总是那么富有幻想，但又言之成理。杨略不禁心游万仞，浮想联翩。只要站得足够远，几百光年外，几千光年外，几万光年外，历史场景岂不是历历在目？

爸爸继续说：“每个历史风云人物，其实都是一股思潮或一场运动的代表。在他的背后，有无数个推动者，他们虽然最终都寂寂无名，不为后人所知，但这些人通过其代表人物，都实现了价值，在青史上留下不可磨灭的痕迹。”

“但他们毕竟没有留下名字。”

“不，他们留下了。一个风云人物的姓名，比如项羽，并不只属于他自己，还属于整个项羽集团。这个集团有无数谋臣、武将、战士，他们耗尽心力，出生入死，最后以项羽的名字留在青史之上。我们会说，巨鹿之战中，项羽大破章邯，进而攻入咸阳。这两个姓名，就代表了千军万马！”

杨略信服了：“爸爸，你想得出什么结论呢？”

爸爸说：“我们习惯认为，官员很重要，商界名流很重要，学者很重要。但我自己，唉，不值一提。既然如此，国家大事让他们折腾去吧，我呢，管好自己的事儿就得了。以后国家搞坏了，社会污浊了，我也毫无责任。可事实上，不管有意或无意，我们都将在历史上留下印记。”

和所有的年轻人一样，杨略的心被说得热乎乎的。

“爸爸，应该让这印记更光辉一点。”

爸爸跷起了大拇指。

“千古圣贤，我最佩服孟子。他说，如欲平治天下，当今之世，舍我其谁！凡事都推给别人，那怎么行！我们做个设想，如果我们遭遇有毒食品时，不选择隐忍，而是勇敢揭发，使之成为众矢之的，食品安全完善的进程就前进一步。还有生态文明建设，虽然纷繁复杂，但如果我们能认真思考，积极履行，并影响周围人群，天地就顿时一新。”

爸爸这番痛快陈词，让杨略心智大开。

第五课

自律：积蓄克服挫折的力量

一、曾国藩：自律让人心胸坦荡，无愧此生

爸爸说："略略，我们之前上的课，包括自强、自主、自爱、自乐，都很重要，但如果缺乏自律，一切都成泡影。"

杨略深为认同。他也时常觉得自控力不够，心中有计划，但常常懒散度日。

爸爸继续说："能成就大业者，最注重自律。我们去见见两位导师吧。"

又是一番时空变幻。等杨略睁开眼，眼前出现了一座雄伟的高楼，约有三层，通体朱漆，雕梁画栋，飞檐挑起，其状若飞，檐下挂着硕大的红色灯笼。当中一块巨匾，上书"天下楼"，笔力雄浑，大气磅礴。

爸爸说："这便是岳阳楼。"

"范仲淹的岳阳楼？"

"正是！"

"我们要见的是他？"

"不是，但和他有莫大关系。"

杨略奔上楼去，酒厅里高挂着范仲淹的《岳阳楼记》，楼下便是八百里洞庭，真是烟涛浩渺，一望无际，长风猎猎，让人衣袂飞扬，心胸为之一阔。

杨略站在窗口，默念着"先天下之忧而忧，后天下之乐而乐"的警句，不由豪情满怀。

正在这时，身后响起脚步声。他回过头去，只见从楼梯口上来一位清朝装束的人物，约莫50余岁，中等身材，宽肩厚背，前颅理得雪亮，后脑一根长辫，一对三角眼，棒色双眸中射出两道敏锐的光芒，脸上很有些皱纹，一部长须在胸前飘拂。他身穿白色长袍，以缓慢稳重的步履走来。

爸爸说："这位是曾国藩[①]先生，号涤生。"

杨略觉得曾国藩与先生二字放在一起，颇有些滑稽。果然，曾国藩听到这样的介绍，也不由略一皱眉。幸亏他是洋务运动的发起者，多次接触

① 曾国藩（1811—1872）：字伯涵，号涤生，谥文正。晚清重臣，湘军的创立者和统帅者。清朝军事家、理学家、政治家、书法家、文学家，晚清散文"湘乡派"创立人。

西洋人士，对此称呼也不陌生，所以并不介怀。

爸爸请曾国藩入座，酒保顿时上来，满脸堆笑，擦净了桌面，倒上三杯热腾腾的清茶。

“客官，这是本地有名的君山茶，请慢用。”

爸爸等酒保下楼，对曾国藩说：“此次请涤生先生前来，要讨教的是修身之学。”

曾国藩一笑，呷了一口茶。

“平生多次登临岳阳楼，感触最深的，当属29岁时那次。当时我初入翰林，别人都说我前程似锦，我也洋洋得意。登楼游览时，真是年轻气盛，壮怀激烈，想干一番轰轰烈烈、名垂千古的大事业。”

杨略不由一笑，他此刻的感觉也是如此。

“但我当时毕竟年轻，回到京城就职，在翰林院做了庶吉士，研究些学问，等待朝廷授职，干着极清闲的差事。我欣喜之余，颇有些松懈，整日耽于逸乐，纵酒高会，寻花问柳，晃荡了半年有余，一事无成，学问也无半点长进。”

对于这一点，杨略非常理解。人生就是这样多变，费劲心力，登上一个高峰，新的考验便悄然开始了。而且，这个考验往往是烟柳繁华地，温柔富贵乡。许多年轻人就此荒废才华，自毁前程。

他不由发问：“那您是怎么走出来的呢？”

曾国藩说：“那晚，我与朋友喝得酩酊大醉，半夜才回家，昏昏沉沉中，似乎做了场梦，忽然惊醒，头痛欲裂，难以入睡。于是干脆起床，点上灯，翻开书案上的几卷书，都是读过百遍、烂熟于心的文字。上面圈圈点点，还是父亲的手书评点。于是心里一阵怅惘。”

说到这里，曾国藩的手有些颤抖，眼中真情流露。

“我出生于湖南湘乡，祖上数百年，都是耕读传家。我天分不高，甚至可以说愚钝，读书并不容易。别人学一遍就懂的，我得学三四遍。幸亏父亲用心良苦，不厌其烦，重复再三，我才渐渐有所领悟。那十几年苦读，真下了悬梁刺股的功夫。好不容易学有所成，却开始不思进取，虚度光阴。想到父亲殷切的神态，不由痛彻心扉，懊悔不已。”

这几句话，重重地撞击着杨略的心。

曾国藩停顿了许久，静静地喝茶，店里的伙计来添了几次水。

“但我毕竟不是自暴自弃之人，一通反省之后，订立修身自律的条目，严格遵循。”

“是哪些条目呢？”

曾国藩从怀里掏出一个本子。杨略接过来，翻开第一页，上面写着一共十二款。

主敬：心神整齐严肃，清晨时开始工作，宛如太阳初升。

静坐：每天静坐一小时，心神归位，像鼎一般沉稳。

早起：黎明即起，醒后不赖床。

读书不二：一本书没读完，就不看其他的书。

读史：认真地学习二十三史，每天圈点十页，虽有事不间断。

谨言：每时每刻都要小心说话，是第一重要的。

养气：要心怀坦荡，没有什么事可以不被人知道。

保身：节劳节欲节饮食，时时当作养病。

日志其所无：每天都要读书，并写下自己的心得。

月无忘其所能：每月作诗文数首，以检验学问是否长进，心怀是否坦荡，不可一味耽着，最易溺心丧志。

作字：饭后写字半个时辰，凡笔墨应酬，当作自己课程，凡事不待明日，愈积愈难清。

晚上不出门：浪费工夫而且疲劳心神，需要力戒！

曾国藩说：“其中最重要的，是日记。我将生活不够检点之处，内心不够洒脱之处，一一记于日记之中，并痛加自责，以此防微杜渐。为了增进修炼，我结识了许多师友，互相看日记，平常言行一有疏漏，师友便直言劝告，勒令改正，全不留半点脸面。有如此明师益友的重重夹持，能进不能退，的确受益一生。”

杨略一阵惊叹：我有这样的明师益友吗？爸爸当然是，葛怡也是，还有陶坷坷、曾泉，都是。他觉得自己很幸福。

曾国藩做了个总结。

“自律的功效，不仅让人刻苦自强，而且胸中一片纯净，无一件不可告人之事，可以上对天地，下对苍生，心中泰然自若。如今我已年近六十，练湘军，平叛逆，兴洋务，无愧此生。而凡此种种，均立足于修身。”

杨略听着曾国藩的讲述，不由正襟危坐，看着窗外湖面中白帆相竞，高天上云霞灿烂，内心涌起一股庄严肃穆之意。

爸爸拍了拍他的肩膀。杨略回过神来，发现曾国藩已下楼去了。

爸爸看着他的背影，说：“他是典型的道德人。”

“道德人？”

“所谓道德人，是将道德作为主要追求的人，他们轻视利益，安贫乐道。”

“这非常了不起啊。”

“但你也看到，重义轻利，让经济发展失去了原动力。中国进入晚清以后，道德异化了，成了教条，禁锢人的思想，束缚人的手脚，人陷于懒惰麻木，社会陷于停滞不前之中。”

“这倒是真的。”

“于是经济人横空出世。”

“经济人？这又是什么意思？”

“指崇尚经济，努力追求自身利益最大化的人。这是伴随工业文明而出现的人。”

新鲜名词太多了，杨略一时有些消化不了。正在思考时，他们又回到了竹楼。

“追求利益最大化，这不是孟子最反对的吗？咦，我们怎么回来了？我还想再看看洞庭湖呢。”

“因为我们的小竹楼有贵客来访呢。”

“是谁？”

二、亚当·斯密：自利释放人的创造力

门外有人笑了一声，推开竹门进来。

杨略转头一看，只见门口站着一位50来岁的绅士，戴着一头米色假发，圆脸白净无须，眼睛明亮，堆满了笑意。他的衣服也很奇怪，样式像燕尾服，胸前有两排纽扣，凸出一个大肚子，下面是一条纤细的白色长裤，看上去像一只肥硕的波斯猫。手中的雨伞还在滴水，皮靴上沾满泥迹，证明他走了夜路。

“竹林里黑得邪乎，深一脚浅一脚，差点就滑倒。”他有些自嘲地抱怨了几句，脸上是满不在乎的表情，向父子二人略一点头，指着自己说：“亚当·斯密[①]。”

“斯密先生。”杨略听到是市场经济之父到来，欢喜不迭，急忙起身让座。对这样以思想推动时代的人物，杨略一直非常佩服。

亚当·斯密也不推辞，将雨伞往门边一靠，向前迈了几步，把身体陷进沙发里，两臂摊开在扶手上，像是长途跋涉后，要舒舒服服地放松一会儿，但他立即开始了探讨。

“刚才听到你们在说孟子？”

杨略答道：“正说到他的重义轻利。”

亚当·斯密从衣兜里掏出一个黄铜烟斗，用火镰点着了，美滋滋地吸了一口，朝空中吐出一个烟圈，浑身都舒泰了，才慢悠悠地说道：“对于中国的孔孟之学，我是极为佩服的。他们提倡的仁、义、礼、智、信，的确是道德的五根擎天大柱。不过在我看来，孔孟之学用来修身非常适合，用来治国，就显得无用，导致社会停滞，并且遗祸千年。”

杨略听一个英国人大谈孔孟的不足，就有些辱骂祖宗的感觉，内心颇不自在。爸爸倒是气定神闲，给亚当·斯密倒了杯绿茶。

---

① 亚当·斯密（1723—1790）：英国经济学家，他认为经济发展的原动力主要是人的利己心，于是提倡自由竞争，让英国社会充满活力，兴起工业革命，步入工业文明，自此成为强国。他又写作《道德情操论》，强调道德与市场是“两只看不见的手”，共同促进人类的进步。

亚当·斯密搁下烟斗，拿起茶杯，眯起眼睛，在杯口细细一闻，顿时赞不绝口。

“这是上好的绿茶！在我生活的时代，应该是宫廷里才有的。不过现在俯拾皆是，也不新奇了。可见贸易对于大家都有好处。你说这些茶农、商人，他们种茶、炒茶，费尽心力，都是出于仁义吗？当然不是，他们以此谋生，出于一片自利之心。这是理所应当的。而在孔孟看来，有自利之心就是恶的。”

亚当·斯密在借题发挥，阐发自己在《国富论》中论述的观点。

爸爸也点头，说：“君子喻于义，小人喻于利。在孔孟看来，只有无私利他，大公无私，才是真正的善。”

“这就是孔孟之学迂腐之处，”亚当·斯密继续说，“善的标准定得太高，结果宣扬多年，又有几人真能爱别人胜过爱自己？在我看来，自利乃人之本性，只要不是损人利己，那么做些自利的事，也对社会有益，因为自己也是社会一员，所以单纯利己，也应该是善的。”

亚当·斯密说得兴起，就手舞足蹈，浑然忘了手中的茶杯，猛一挥手，茶水晃荡出来，在茶几上留下一摊水。杨略正要去擦，亚当·斯密却挥手拒绝了，伸出一根手指，往水摊里一戳，朝着茶几边沿重重画了一笔，犹如开辟了一条河道，茶水顺着河道缓缓流淌，在边沿处积成水珠，继而轻轻滴落。

“人性就像洪水，堵是没用的，疏导才是办法，让人尽情发展本性，去干点对社会有用的事儿，比如创造财富、钻研科技，工业革命兴起的背后，就是这股子精神。”

“可是……”杨略有些疑惑，“人的自利心像洪水，一旦冲毁堤坝，那就谁也控制不住了。”

亚当·斯密指了指桌上的河川。

“所以我们需要更坚固的堤坝！政府的职责，就是制定法律的堤坝，让自利之心在河道里欢快地流淌！”

“您说的是以法治国？”

“不，首先是以利治国，而法律、道德都是辅助！”亚当·斯密一径地说下去，“如果给本性以自由，就能焕发出强大的动力。而且大家也都知道，在社会上生活，决不能单纯利己。比如商人要想生意红火，就不能总是坑蒙拐骗。他得琢磨点正事儿，做点好吃的，好玩的，好用的，最好是别处买不到的。所以他得不断创新。其他行业也一样，人人争利，最后社会进步了。要是你派一帮君子去开店，不以营利为目的，他们就算恪尽职守，但肯定动力不足，生意不温不火。在我看来，孔孟辨别善恶的标准，造就一帮仁人志士，也造就一帮的伪君子。而我的标准，释放了人的创造力。”

亚当·斯密说得滔滔不绝，慷慨激昂，这毕竟是他一生研究的成果。爸爸附和着说了段故事。

“其实儒家也不空谈仁义，而是因人而异。当年鲁国常有人口流失，于是国君发布规定，凡领回一名鲁国人，赏百金。子贡出访时，领回一人，却不要赏金，自以为高尚，喜滋滋地告诉孔子。孔子非但不表扬，还责备了一通：你高尚，不要钱，可普通人要是没赏金，就不会花力气领人回国了！你貌似做了好事，其实误了大事。可见善用好利之心，能做一些好事。”

亚当·斯密听到孔子的言论与自己暗合，心里更加喜欢，连吐了几口烟圈，开始继续讲述。

“我们总乐意夸耀自己的财富，而隐瞒自己的贫穷。原因是什么呢？因为人们更易被我们的财富打动，进而心生仰慕、尊崇之情。如果我们像乞丐一样，在大众面前暴露自己的贫穷，但总是得不到多少同情，那我们会深感耻辱。所以我们追求财富、权力、地位，殚精竭虑，牺牲一切闲暇，其目的又是为了什么？仅仅是为了生活的必需品？不，是地位，是荣耀。”

他诗朗诵一般地说道：“正因为有自利之心，人类才会耕垦土地，才会去搭建房屋，才会建立城市和国家，并创造各种科技和艺术产品来提升生活品质。于是，整个世界才得以完全改观，荒莽的森林被改造成肥沃的平原，荒凉的海洋被改造成新的粮仓，变成通达大陆诸国的平坦大道。”①

亚当·斯密的眼睛看着天花板，沉入美好的幻想，脸上浮现出无限向往的神情。杨略忽然想，也许斯密先生眼中的世界，是动画片里的场景：高楼大厦一片明净，马路上纤尘不染，天空湛蓝，云朵洁白。而瓷砖上的

① 引自《国富论》。

水迹苔痕、天空中的暗灰阴霾、马路边的垃圾和苍蝇，都被电脑软件巧妙地处理掉了。所有发明乌托邦的人，都是戴着过滤眼镜的吗？

杨略困惑了，但面对大师，他又有些心怯，声音低低地说：

“斯密先生，世界也许并没有变得这么好……”

但爸爸在一旁有力地支持他：“杨略说得对，自利很容易变成了贪欲。”

话音刚落，忽然周围一片黑暗。前方幕布拉开，一柱追光灯之下，站着一个年轻人，愁眉不展。

这是到剧场了吗？

这个年轻人又是谁呢？

三、巴尔扎克：当自利演化成贪欲①

舞台上的年轻人面容白净英俊，但只穿一件旧大褂，粗背心，戴一条皱巴巴的旧黑领带，双手低垂着，口中喃喃自语。

“这个社会，我是越来越不懂了。难道非要骏马成群，仆从如云，金银堆山，才能得到巴黎女人的青睐吗？啊，财富！黄金！”

他眼中冒出贪婪的光，双手往前刨挖着空气，但过了一会儿，目光呆滞下去，手臂又低垂下去了。

“可惜我出身清贫，每年只有一千二百法郎的生活费，还不够买几件体面衣服的，我只能住在简陋的伏盖公寓里。可是，当我去过表姐的宫殿，再回到这气味难闻的公寓，看到十八个食客就像牲口一样吃饭，这真叫我难以忍受！”

“拉斯蒂涅表弟，你想成功，我会帮你的。”

一个女子的声音在一旁响起，语气冷漠而生硬。追光灯转到旁边，那里出现了一个女子，她脸色苍白，发髻不整，但嘴唇却是艳红的。

拉斯蒂涅惊喜地叫道：“啊，表姐。”

---

① 以下话剧改编自巴尔扎克《高老头》（傅雷译）。

女子站在那里，冷冷地说：“对这个社会，你丝毫不要客气。你越是有心计，你就越高升得快。你要毫不留情打击别人，人家才会怕你。你只要把男男女女都看成是驿站的马，把他们骑得精疲力竭，每到一站你就可扔下不管，这样，你就能达到欲望的最高峰。哈哈哈——”

女子发出一阵尖锐的笑声，像指甲划过玻璃。然后，她消失在黑暗里。

拉斯蒂涅独自沉思：“我要出人头地，我要得到财富，但表姐说的方法太冷冰冰了。我想好好攻读法律，成为一个有学问的博士，同时做一个有钱而时髦的年轻人。对，就应该这样。”

黑暗中，响起了一阵狂野的笑声。

“年轻人，你太幼稚了。你觉得学问和财富可以兼得吗？这是两条平行的直线，是永远不会相交的。”

“是谁在那里？”

“我，伏脱冷。”

追光灯骤然亮起，一条大汉现身了。他相貌粗野，肩膀很宽，胸肌暴突，目光深沉而坚决，似乎能看透人心。

“哦，是你。”

“年轻人，要想在巴黎过好日子，你知道得有多少钱吗？置办马车得九千法郎，衣服、香粉、鞋、帽，不花个五六千，你都不敢出门。你还得打牌、送礼、小费、房租、伙食，哈哈，没完没了。年轻人，你要没两三万法郎，什么前途啊，体面啊，爱人啊，一股脑儿甭提啦！”

“啊，啊。”拉斯蒂涅有些慌神，想避开这个人。

伏脱冷挡住了他的去路。

“怎么，害怕了，不想过好日子了。别怕，你想发财吗？”

“想，想啊。”

“这里有一个好机会。”

“什么机会？”

伏脱冷又笑起来，伸手捏了一把拉斯蒂涅的脸蛋。

“算你小子运气，长得细皮嫩肉。告诉你，有人看上你了。”

“谁？”拉斯蒂涅露出一丝兴奋。

“我们公寓的维多利小姐。”

拉斯蒂涅失望地摇摇头。

“她看上我有什么用，我又没兴趣。”

“这娘们长得是不怎么样，可你知道她的父亲是谁吗？”伏脱冷停顿了一下，看拉斯蒂涅不搭腔，只好自己说下去，“他父亲是个大富豪，给女儿安排了一门亲事，谁知道女儿不乐意，逃婚来到巴黎。父亲一怒之下，断绝了来往，连生活费也不给了。”

拉斯蒂涅不由产生了兴趣。

伏脱冷兴奋起来，将脸凑过去，声音压得很低。

“维多利小姐有个哥哥，我只要动动手指，咔！嘿嘿，维多利小姐就成了唯一的财产继承人。你要是和她结婚，那万贯家财不都是你的吗？我呢，要的不多，给我二十万法郎就够了，然后到非洲贩卖黑奴，用不了几年，我也是个富家翁，可以安享晚年了。”

拉斯蒂涅听得心惊肉跳。

“你这个魔鬼，别靠近我！”

“怕什么，要发财，就别怕弄脏自己的手，只要事后洗干净就是了，这就是我们的社会规则。”

“你滚，滚！”

“年轻人，总有一天你会答应的！”

伏脱冷大笑起来，追光灯熄灭了，他消失在黑暗中。

拉斯蒂涅独自沉思：“要发财，必须撒谎、屈膝，甚至杀人吗？呸！那不行。我要规规矩矩、老老实实地工作，凭我的劳动发财。虽然这条发财之路是漫长的，但我每天可以心平如镜地上床睡觉。有什么比回顾一生时感觉像百合花一样纯洁更美好的呢？”

但他似乎并没有说服自己，刚才伏脱冷的话，还在他脑海中久久回荡。

“不过，要想往上爬，可能就得忍受一些屈辱。这是不是社会的规则呢？就像在战场上，为了不被人杀就得杀人。在社会上，为了不被欺骗就得骗人。唉，这太可怕了——”

“拉斯蒂涅先生——”

一个微弱苍老的声音在角落里响起。

“啊，是高里奥先生。”

灯光亮了，出现了一间陋室。窗上没有窗帘，好几处墙纸因受潮而掀开、卷缩，露出了被烟熏黄的石灰墙。老头儿躺在一张破床上，床上只有一条薄薄的被子和一床压脚的棉毯。这间卧室外观冰冷冷的，看了使人胸闷，就像监狱里的一间凄惨的牢房。

拉斯蒂涅来到床边。

“先生，您感觉怎么样？”

老头儿睁开眼睛。

“我的两个女儿还没来吗？”

拉斯蒂涅扭过脸去。

“她们，她们现在有事，走不开。”

“一个也不来，”老人挣扎着坐起来，但又倒了下去，眼睛里流出两行浊泪。“她们有事，她们在睡觉，她们不会来的。我早知道了。直要临死才知道女儿是什么东西！”

“先生——我再叫人去催！”

“唉！别忙了，没用的。我辛辛苦苦抚养她们，给每人八十万陪嫁，让她们过舒服日子。我还以为她们会感激我。谁知道啊，我就像个柠檬，被她们榨干了，就把柠檬皮扔在街上。哼，倘若我留着家私，没有把财产给她们，她们就会来，吻我，叫我亲爱的父亲。唉！现在说什么都晚了。朋友，你别结婚，别生孩子！你给他们生命，他们什么也不会给你！”

老头儿高喊了一声，花尽了最后一丝力气，脑袋倒向一侧，灵魂随之飘散了。

拉斯蒂涅攥紧了两个拳头。

“钱！钱！一切都是钱！除了钱以外，什么爱情、亲情、道德，都是假的！钱可以买来地位，买来尊敬，买来爱人，买来女儿，买来一切的一切！”

他的眼睛里射出恶毒的火焰，像是看着一个无形的敌人，喉咙里滚动着野兽般的低吼。

“现在咱们俩来拼一拼吧！”

四、富兰克林：我毕生的成就归功于自律

话剧拉上了大幕。他们回到竹楼，四周一片宁静，能听见蛐蛐的叫声，几阵清风拂过，捎来湖水拍打石岸的清响，款款有声，夹杂着清脆的蛙鸣。

过了大约一杯茶的时间，亚当·斯密才说：“太可怕了。”

爸爸说：“很多人认为，市场经济释放了每个人的贪欲。甚至可以说，市场经济的理念，就是鼓励每个人追求欲望的满足，以享乐、消费为人生目标！在这种价值观的引领下，人类唯利是图，将陷入心灵的荒原！”

一听这话，亚当·斯密有些吃惊。这基本上是对他毕生学术的否定。

爸爸继续说：“更可怕的是，唯利是图，伴随着消费主义的盛行。先是第一世界国家，再是新崛起的国家，大众都很可悲地卷入了消费浪潮。但如果所有人都这样，过享受的生活，地球将无法承受。很遗憾，斯密先生，历史证明，这种价值观，恰恰是市场经济带来的副作用。”

“此话怎讲？”

“市场经济的成长，释放了贪得无厌、物欲至上、自私自利等力量。这的确带动了技术的创新，同时带来产品的过剩。而产品必须被消费，才能促进再生产。于是消费成为一种责任、一种时尚。许多产品并非迎合需求，而是创造需求。比如手机不断更新换代，通过巨大的广告投入，让人觉得，只有不断跟进，才算时尚，所以一年更换数只手机者大有人在。可这种消费永无止境，而自然资源被过度消耗了，生态环境日益恶化了。”

亚当·斯密黯然神伤：“这在我那个时代，是无法想象的。”

杨略也添加了几句：“更为吊诡的是，自从登上了经济发展的快车，人类似乎无法刹车，谁都看见了悲惨的前景，但谁也停不下来。”

爸爸说：“而一旦有人提议减缓经济发展，关闭重污染企业，立即会有人跳出来说，经济停滞，工厂倒闭，那工人岂不是要失业了？失业了该如何生活？”

听到父子二人的控诉，亚当·斯密长叹一声：“看来我们当年放出的猛

兽，真的难以控制了。”

爸爸说：“所以狂热追求利益的经济人已不合时宜。”

亚当·斯密说：“我当初写道德情操论，就是想让自利心与道德结合起来。”

“是的，确实有人这样做了。”

爸爸递过来一封信。

“这是富兰克林[①]写来的。”

杨略接过了信，正面庄重地写着杨略的英文名，背面封口处是一个咖啡色的蜡封，有股好闻的松油香味。

杨略拆开了信。收到这样一位大人物的亲笔信，他觉得新奇而庄严。他的英文学得不错，一径看下去，除了个别单词不甚了然，总体通读无碍。

亲爱的杨略：

见字如面。

很抱歉不能与您相见。不过我要谈的主题，原本就适合笔谈，所以写信的效果可能胜过面谈。

今天我要谈的是自律。

很遗憾的是，许多人以为自律会束缚人的手脚，总会让人吃亏，不如一并抛弃，轻装上阵，还不失呼风唤雨，享受荣华富贵。其实，他们鼠目寸光，没有看到道德早已内化于心，遵循道德，严格自律，无论对于自己的身体心灵，还是对于长远的个人前途，都是极其有利的。因为大家都会赏识勤奋、廉洁的年轻人，也会把更多机会交给他们。

您肯定知道，我出身寒微，十岁就辍了学，又与家人反目，独自闯荡于费城，虽然还算努力，但在二十出头的时候，还是做了些荒唐事。事后想起，追悔莫及，觉得身心都被玷污了。于是我想出了一个达到完美品德的大胆而费力的计划，提出了十三种德行。

① 本杰明·富兰克林（1706—1790）：18世纪美国科学家、发明家、政治家、外交家、哲学家、文学家和航海家，美国独立战争的伟大领袖。他一生最真实的写照是他的名言：“诚实和勤勉，应该成为你永久的伴侣。”

一、节制。食不过饱，饮不过量。

二、慎言。言必利人利己，避免琐碎闲聊。

三、条理。物品各归其类，做事有条不紊。

四、决断。当断则断，当行则行。

五、节俭。杜绝浪费。

六、勤劳。积极从事能给予你目标和意义的创造。

七、诚实。不虚伪骗人，心地善良、襟怀坦白、言行有据。

八、正直。不损人利己。

九、中庸。避免偏激行为，常怀宽恕之心，不要记仇。

十、整洁。保持身体、衣服、住所的干净。

十一、镇定。不为琐事、寻常事故而惊慌失措。

十二、节欲。节制肉体欲望，切忌过度伤身，绝不损害自己与他人的名誉和安宁。

十三、谦卑。效法耶稣和苏格拉底。

我做了一本小册子，每一美德分配到一页，用一周时间去做到。我可以在十三个星期内完毕一整个的过程，一年可以循环四次。一个人要替一个花园拔草，他不能企图一次就消灭所有的野草，这样做会超过他的能力，但是他在某一个时候只对付一个花坛，在拔完了第一个花坛以后，才动手第二个。

这样的努力，效果是非常明显的。若是我平生有一点成就，我都要将它归功于“自律”二字。我也希望更多的人步我的后尘，获得满意的人生。

此致。

您最真诚的

本杰明·富兰克林

杨略知道，富兰克林一生勤勉，不仅在政治上成就非凡，是美国的国父之一，而且在科学、商场上均有建树，是“美国梦”最典型的人物。而他成功的秘诀，就是“自律”二字吗？

亚当·斯密也读完了信，觉得挽回了点面子。

但爸爸却说:“可惜在中国,市场经济到来时,有些先天不足,后天失调。”

“这怎么讲?”

“20世纪以来，胡适、鲁迅等启蒙者致力于讨伐传统，于是就像倒洗澡水把孩子也倒掉了一样,传统道德也纷纷瓦解。此后,随着市场化的到来,有的人为了经济利益，无视自然规律，导致生态环境恶化。”

杨略听到这里，也深感问题严重。

爸爸说:“面对这种情况，我们多么需要具有生态理念的幸福人啊。”

亚当·斯密问:“什么是生态理念的幸福人?”

“他们既奋发进取，又有社会道德，崇尚经济、生态、心灵的和谐，懂得节制，不唯利是图，也不肆意消费。”

说到这里，雨全然停歇，四处蛙声一片。杨略站起来，推开窗户，一股清凉的空气扑面而来，当中有雨水的甘甜味儿，有青草的淡涩味儿，灌入双肺之中，顿感精神一振。

他昂首看到满天星光灿烂，照亮了黑夜，堆积的乌云散开，露出一弯新月，洁净的月光给云层镶上了银边，也勾勒出竹林的轮廓，竹叶上闪闪烁烁,都是可爱的雨珠。月光也透过窗户,洒在地板上,朦朦胧胧,轻柔可喜。

爸爸和亚当·斯密也来到窗前。沉重的话题悄然退去，所有人的内心都一片空明。

爸爸看了一阵月色，对杨略说:“既然在湖边，我们应该去拜访一位朋友了。”

“是谁?”

爸爸神秘地一笑，看着亚当·斯密。

“这位朋友，应该可以成为斯密先生的论敌了。”

亚当·斯密一听，顿时来了兴趣。

杨略也有些疑惑，想要发问，爸爸制止了他。

“休息一下，明天早上一去就知道了。”

五、梭罗：抗挫力需要内心的定力

时间跑得飞快，像谁拉开了沉重的幕布，天色就大亮了。三人收拾停当，就走出竹楼，沿着湖岸的卵石小径前行。经过一夜好雨，天空蓝得像童话的插图，湖面则是童话里公主纯洁的眼眸，清澈透亮，湖边蓊郁的树木就是她修长的睫毛。远处山峦起伏，如绵延不尽的城堡。山顶上大朵的白云，标志着许多浪漫的传奇。

走了一段，岸边出现了一个古老的码头，临水的木桩上满是苔藓的痕迹。上面系着一条木船，被清早的太阳一照，遍体金黄闪耀。

三人坐上小船，都手持一柄木桨，爸爸在后面掌舵，杨略和亚当·斯密坐在中间，一左一右，轻轻划动小船。船头分开水面，荡出许多水波，发出轻微的哗哗声。湖水清澈见底，墨绿的水草在湖底曼舞，当中游着许多细鱼，偶尔升到水面上。水那样透明，倒映着云彩，如果不是颤抖的水波，杨略几乎要以为自己坐着飞艇飘浮于空中。

小船非常轻快，不多时，已到了对岸。这里没有码头，岸边都是犬齿般的石头，立着许多高大的水松，小船无处靠岸。杨略身体轻盈，一跃上了岸，接住爸爸扔过来的一条粗绳，把小船拖进一个凹处，将绳子的另一头系在一棵粗大的水松上。爸爸搬出一条木板，搁在小船和岸石上，等亚当·斯密颤巍巍地走过去，这才上岸来。

杨略往四处一看。这是一个舒适的山麓，生着满山的松树。穿过松林，可以看到有块小小的林间空地，边上有一圈山核桃树和柏树。

树林里响起金属碰击沙地的声音。

他们循声走去，在林间空地里，一个年轻人手持锄头，正在地里翻土。看上去，他还不到 30 岁，身材不高，惯于劳作的身体极为壮实，浅色的皮肤上，沁出密密的汗珠，他不时用衣袖擦拭一下。

不远处有一间灰色的木屋，从墙面到三角形的屋顶，全是木片钉成的，上面刷了泥灰。屋很小，带一个小阁楼，一个石砌的烟囱，正面有一扇大窗，侧面是大门，静静地立在斑驳的光影里。小木屋的周围有些田垄，种着许多庄稼，从叶子的形状看，杨略认出有黄豆、萝卜、玉米和土豆。

爸爸在杨略的耳边悄声说："这就是我们要拜访的朋友，亨利·戴维·梭罗[①]。"

"啊！"杨略不由轻声惊叫，死死地盯着眼前这位其貌不扬的汉子。他居然就是生态运动的祖师爷，每次读书会上都会被提及的人物。瓦尔登湖、小木屋、公民的不合作、"简单，简单，简单"，许多与他相关的意象蜂拥而至，萦绕于杨略的脑际。

他不由地四处观望。蓝湖、树林、木屋，都有了别样的神圣意味。

这时，梭罗放下了锄头，在田边坐下，擦了擦汗，从一旁的篮子里掏出一大块面包。这是他的早餐。杨略想趁机过去打个招呼，但被爸爸阻止了。

"看——"爸爸说。

旁边的草丛里，响起轻柔的沙沙声，随即看见了一抹金黄。接着，沙沙声停了，草丛间露出一对尖耳朵，两只圆溜溜的黑眼珠。原来是一只狐狸。梭罗也看见了，笑呵呵地说了一声："今天来得很早啊。"

梭罗又从篮子里拿出一小块牛肉，扔在近处。狐狸看到了，毫不迟疑，唰地窜过来，叼起牛肉，慢慢地吃。

梭罗与狐狸显然是很熟的，伸手触摸它的绒毛，它竟也不躲开，偶尔抬头看他一眼，脸上流露出一种柔和信赖的神情。梭罗的脸上露出陶醉的微笑，轻轻地说道："人类与狐狸一起躺着歇息的日子，就快要到来了。"

树丛里的三个人被这一幕打动了。树叶上滑落着一些露珠，四周非常安静，密林之中，偶尔响起云雀和小鹟的鸣叫，异常清越动听。

"您好！梭罗先生！"

杨略忍不住喊了一声。那只狐狸听到异响，迅捷地消失在灌木丛中。

梭罗抬起头。这是一张棱角分明的脸，刚毅得甚至略显粗野。脸上最引人注目的，是那管粗大的鼻子，像一门加农炮蹲在脸上，虎虎生威。长发卷曲凌乱，贴在额头上，盖住了耳朵。深蓝的眼睛陷于眉毛和眼眶之中，

---

① 梭罗（1817—1862）：作家、哲学家，强调亲近自然、学习自然、热爱自然，追求"简单些，再简单些"的质朴生活，提倡短暂人生因思想丰盈而臻于完美。曾在瓦尔登湖边的木屋独居两年，著有《瓦尔登湖》。

有种明净、超然的气质，让杨略想到了被密林与山峰围住的瓦尔登湖。

他看到眼前的三个人，服饰不一，面容陌生，颇有些奇怪。

“你们是？”

杨略疾走几步，来到他面前。

“这位是亚当·斯密先生，我叫杨略，这是我父亲……我们是慕名而来。”

“是《国富论》作者亚当·斯密先生？”梭罗站起来，注视着亚当·斯密。

亚当·斯密微笑着点点头。

“真是幸会。”梭罗指点着身后的小木屋，还有面前的田垄，脸上露出一丝嘲弄的表情，“您眼前的这一切，极不符合经济学原理吧？”

“不错。”亚当·斯密又点头，“按照经济学原理，如果一件东西购买比自己生产花费更少，那就永远不要自己生产。像您这样，什么都亲力亲为，显然效率很低。”

梭罗看着亚当·斯密：“那您的建议呢？”

“把精力放在自己擅长的事情上。”

梭罗没有立刻回应，而是招呼大家坐下：“小屋很简陋，椅子都不够。那我们就天当穹庐地当席吧。”

四人都在田塍上坐下，四周都是密密的花草，发出浓郁的香味。几只黄色的蝴蝶被惊起，拍动翅膀翩翩飞起。

梭罗看着亚当·斯密：“您能说得具体一点吗？”

“从您的言行举止我看得出来，您受过好的教育，您可以经商，可以做学者，发挥您的优势，而把粮食生产交给更适合的人。大家各司其职，充分享受相互依存带来的好处。只有这样，社会才会日渐富裕。”

这回轮到梭罗点头了，用手指把额前凌乱的头发梳到脑后。

“社会分工，技术革新，提高生产效率，物质日渐丰富，从经济学上来说，这当然没错，也是大势所趋。不过，我亲自耕耘，效率是不高，但我一半是生产，一半是修心。当我脚踩着肥润的土地，鼻子里充满树林和湖泊的气息，耳边响着风声和虫声，抬头会看见一只鹞鹰翱翔空际，一上一下，一远一近，好像是我思想的化身，我就觉得无比安宁、踏实。”

亚当·斯密的脸上露出为难的表情。显然，他承认这种生活的好处，但与他的经济学原理格格不入，不免觉得有些尴尬。

“我想，对于大多数人而言，他们无法满足于生活，他们向往的是富裕、快捷，享受生活。”

梭罗拔了一根草茎，叼在嘴里，细细品那青涩的味道。

“我一直在想，人真的需要这么多吗？得到越多，束缚越多。为了购买这些东西，不得不花更多时间去挣钱。最后，我们沦为工具的工具，物质的奴隶。可是，世人并不知道自己的处境。因为每一天，无论在店铺、在公事房、在田野，到处都有辛劳的居民，从事着各种工作。在工业时代，连教育都是功利的。专业分得那么仔细，预备培养各种人才，但却不教生活的艺术，也从不练习生活的艺术。”

“但您能否定技术带来的便利吗？比如你要出远门，火车是必不可少的，否则你将经受长途奔波之苦。”

“文明发展的终极目的是什么？是财富吗？不，它只是台阶。人的最终目的是自由，免于匮乏的自由，免于束缚的自由。为了免于匮乏的自由，我们发展技术，已经生存无忧。但却因为奢侈、贪婪，陷于另一种不自由，就是被工具所束缚，成为大机器上的一枚螺丝钉，了无生趣。而我要做的，就是挣脱束缚，重获真正的自由。”

亚当·斯密开始沉默。

梭罗说：“大自然最能养心。在这美丽的湖泊中，我觉得身心自由。夏天的午后，我会把船划到湖心，而后背靠在座位上，看着浮云，吹着湖风，似梦非梦地醒着，直到船撞到沙滩上，惊动了我，我才起身，看看命运把我送到哪个岸上来了。”

杨略想到了司空曙的诗句：“钓罢归来不系船，江村月落正堪眠。纵然一夜风吹去，只在芦花浅水边。”内心无比清新，就插嘴说：“梭罗先生，我觉得这种隐居生活，能融入大自然，真是非常美好。”

“隐居？”梭罗看着杨略，摇着头说，“不，不，不，我并没有隐居，我不愿在工业革命的号角声中迷失，所以我只是做个实验。我来到林中，像个印第安人，看看生存的必需品有哪些，同时根除一切非必需品，简单一些，再简单一些。”

“那你的结论呢？”

“我发现，我只需工作六个星期，就可以支付一年生活的开销了。其余时间，我可以读书、交友、写作，做一些有益的事情。我的结论是，一个人的生活所需其实很少，而按照所需来向这个世界索取，不仅对我们置身的大自然有好处，而且对我们的心灵有最大的好处。一切的症结都出在人类自身的愚蠢和贪婪上。人的一切美好的创造，无不来自简单和淳朴。”

六周养活一年。听到这个数字的强烈对比，大家都沉默了。

这时，梭罗指着一畦豆子。豆秆长得繁茂，叶间已经结了许多豆荚，一枚枚鲜嫩可爱。土豆地里也是一片青翠，泥土下面应该结出丰硕的块根了。

“大自然是多么神奇，多么慷慨，它能轻松地养活人类。当然啦，养不起人类的贪婪。大部分的奢侈品，大部分的所谓生活的舒适，非但没有必要，甚至会产生负面影响。所以关于奢侈与舒适，最明智的人生活得甚至比穷人更加简单和朴素。中国、印度的古哲学家都是一个类型的人物，外表生活看似贫穷，而内心生活再富足不过。其实，一个人越是能够放下，他越是富有。”①

杨略知道，梭罗所说的中国人，显然是庄子、颜回、陶潜一般的人物。现在中国还有这样的人吗？

“梭罗先生，您觉得现代社会中，有几个人能甘心于您这样的生活？”

“怕是没有吧。”

“你会感到孤独吗？”

“我有不少朋友可以交流。如果实在找不到，我就在湖中，用桨敲打我的船舷，使周围的森林都激出一圈一圈的声浪，每个山林和峡谷都会发出回声。”

“曲高和寡的实验，有什么意义呢？”

“我只是想说，每个人都是一座圣殿，我们都是雕刻家和画家，用我们的血、肉、骨骼做材料。自律、纯净的生活，能使人宁静致远，而贪欲却让人浑浊不安。无论是谁，必须要节制欲念，培养纯净美好的内心，才能

---

① 参见梭罗：《瓦尔登湖》，徐迟译，上海译文出版社 2009 年版，第 14 页。此外部分语句有修改。

为修炼抗挫力提供源动力，才有能力去成就一番真正的事业。”

杨略听着梭罗的话，举头看着四周的山林。每一棵松树，细细看去，都无比神奇：笔直的树干，舒展的枝条，轻盈的叶子，都是上帝绝佳的雕塑。看着它们，心里就无比充实、恬适，就像读一首好诗，看一幅名画，感觉无处不如意，但又难以评价。回顾自己多年的生活，不知道有几时曾享受这样的简单与安静。

告别了梭罗，三人重新登船。在明净的湖面上，小船悠悠漂荡，几只水蜘蛛轻捷地掠过水面，甚至没有带动一丝波痕。三人都在静静沉思。

杨略问道："我羡慕他的生活。只是有一点疑问，文明真的是可以拒绝的吗？我们真该重归山林吗？"

"当然不是，"爸爸说，"他走了一个极端，但极端往往最有力量，轰击我们的心灵，引发我们的反思。近些年来，'简单生活'已成时尚。奉行简单生活的人们把梭罗奉为楷模，但他们并非主张贫苦、简陋的生活，而是在深思熟虑之后，科学地简化物质需要，过一种丰富、健康、和谐、悠闲的生活。"

第六课

抗挫力需要正视世界的不完美

一、竞争乃文明之母

时间已经是中午了。爸爸退出了程序，说：“很多人抗挫力差，其实是对世界的期待过于美好。其实，世界本身是不完美的，充满着各种竞争。我们越早明白这一点就越好。所以，我们接下来的课程，要从中国近代史开始。”

啊，中国近代史，也是百年的屈辱史？

杨略分明记得，高中历史课上，老师讲汉唐的雄壮，明清的繁华时，他觉得神游天外，像一只鹞鹰腾空而起，在无边的天宇中飞翔，将身影投射在辽阔的国土上。然后，时间到了晚清，鹞鹰忽然成了纸糊的风筝，每一场战役，每一个条约，都是一场铅黑色的暴风雨，古老的风筝分崩离析，飘摇坠落，让他觉得压抑无比。

“我们不是要讲人与社会了吗？为什么要讲历史？”

“你知道，人的心灵与身外的社会紧密相连。时代的风波，好像是高层人士在操控，但却与每个人息息相关。因此，要想培养幸福健全的心灵，除了自我修炼，营造一个清明祥和的社会环境也是必不可少的。而要想自然生态平衡，必须先让社会生态平衡。”

“我理解。”杨略说。

“我们中国在晚清，进入了两千年来未有之大变局，将一池死水搅得浑浊难辨，所以我们有必要复习一下历史！”

下午，爸爸服了几次药，与杨略侃侃而谈。或许是药起了疗效，或是与儿子在一起，他内心感到愉悦，总之他的精神好了许多。睡了一觉之后，在杨略的搀扶下，他还到楼下小区里走了一圈。

妈妈说，这说明爸爸的身体在恢复。

杨略暗暗高兴。

第二天，他们的课程又开始了。这次，他们的面前出现了蓝色的海洋，脚下是坚实的甲板，两旁各有几排炮位，一支支炮管对准天空，炮手们是清朝士兵装扮，脑后拖着长辫，一脸肃穆凝重。头顶一面旗帜迎风招展，绣着一条张牙舞爪的黄龙。

爸爸说:“这是 1894 年 8 月,甲午海战[①]之日。我们在‘致远’号战舰上,管带是邓世昌。”

杨略在船头看到了那位性情刚烈、名声甚佳的管带。

正在父子聊天的时候,邓世昌站在“致远”舰的船头,看着辽阔海面上,整齐雄壮的北洋舰队驶出了威海卫港口，不由壮怀激烈，浮想联翩。

都已经半个世纪了，但他从未忘记过去的耻辱。在 1839 年，英国的蒸汽炮舰占领了宁波，中国军队尝试着去夺回失地，但手段是那么可笑。

先是由一帮幕僚文人写好捷报，凭空为主帅、各位将军捏造了各种英雄事迹，文采飞扬，细节生动，慷慨激昂，大快人心。

而后他们运用了古老的兵法，用点燃的木筏冲向英国船只，企图再现赤壁盛况。但木筏火焰冲天，目标何其明显，很快被敌舰发现，几声震天的炮响之后，木筏灰飞烟灭。中国的军队一看计谋不成，倒惹怒了洋人，就一哄而散。

大帐之中，众人又开始奇思妙想。有人建议：既然敌军火炮利害，不能强攻，只能智取，我建议买一群猴子，背后拴上鞭炮，点着之后，扔到敌舰上去。鞭炮噼啪一响，猴子惊慌四窜，运气好的话，或许会把火星带到弹药库，那么轰隆一声，整艘船将化为齑粉，我等坐享其成，何其妙哉？

建议被采纳了，猴子也买来了，却未付诸实施。因为没有人敢靠近敌舰去扔猴子。最后，中国军队再次溃退，一败涂地，只得割地赔款，还给世人留下了苍凉的笑柄。

历经与英法等国的数次大败后，中国发起自强运动，师夷长技以制夷，购置战舰，训练水军，终于拥有了一支足以称霸东亚的强大海军。

邓世昌望着长空，心中默默念道：“苍天有眼，佑我大清。”

---

① 甲午战争：始于 1894 年 7 月 25 日，终于 1895 年 4 月 17 日，由于清廷无能，此战惨败于日本,北洋水师全军覆没,并签订了丧权辱国的《马关条约》。至此,清朝“中学为体，西学为用”的洋务运动彻底破产，中国进入了维新而后革命的新时代。

他知道，此次与日军开战，是北洋水师的第一次正式亮相，也是检验自强运动成效的一场考试。正如水师提督丁汝昌所说，此次大战，只能赢，不能输，要让世界列强也看一看，我泱泱中国是何等强大，岂容你等鼠辈放肆！

“而我邓世昌，以及全体北洋水师将士，必将通过这场大战永载青史，万古流芳。”

他越想越激动，忽然听到有人在身后喊：“邓大人。”

邓世昌一回头，是几名炮手。

“何事？”

炮手一脸紧张，支支吾吾地说：“有件事不知该不该说……”

“说！”军人讨厌这样的啰唆。

炮手挺身说：“报告邓大人，有些炮弹过大，塞不进炮膛。还有些炮弹里边没装火药。”

“什么！”邓世昌大惊失色，重重地跺了一下脚，“这群误国误民的狗官！”

他并不知道，此刻的北京颐和园正张灯结彩，歌舞升平，庆贺慈禧太后的寿辰。而北洋水师的军费，已化作颐和园里的亭台楼阁，以及一艘开不动的水泥不系舫。

邓世昌的内心笼罩着阴云，心里有了不祥的预感。但水师已然出征，一切抱怨无济于事。黄海的辽阔海面上，阳光映照着龙旗，北洋舰队破浪前行，烟囱中的黑烟直冲云霄，宛如狼烟腾空，气势依然磅礴。

只有奋力杀敌，一举成功，让天下传扬我北洋水师的威名，再回去找那帮贪赃枉法的混蛋算账！

突然，舰上的瞭望哨大喊起来：“兵舰！日本人的兵舰！”

邓世昌举起望远镜，只见南方的天际出现了一抹淡淡的轻烟，一支舰队整齐地排开。

这时，主舰“定远”号发来旗帜信号，要求摆开战斗队形。

邓世昌马上命令道：“准备迎敌！”

凄厉的战斗警报响起来，舰上的官兵训练有素，迅速各就各位。

两支舰队在迅速靠近，邓世昌目光凝聚在日舰桅杆顶上的太阳旗上。谁能料到，这面猩红的旗帜，将在随后的半个世纪里让每个人中国人痛恨不已。而此刻邓世昌的胸中，则淤积着多年的国耻，要通过一枚枚的炮弹，尽数发泄出来。

“开炮！”

炮位上发出震天的响声，一道道火舌喷出，远处的海面上，击起惊天的白浪花。有几枚炮弹准确地命中敌舰，顿时燃起火焰，气浪过处，许多水兵惨叫着被掀翻到水中。

“好！”

邓世昌举起指挥刀。敌舰开始还击，炮弹落在水中，击起巨大的浪花。也有几枚落在舰身上，灼热的烈焰炙烤着他，但他浑然不觉，不断地发出指令。

“瞄准，开炮！”

他的目光中，也射出了无数炮弹。谁说我中国人低劣！谁说我中华无人！谁说我中国孱弱无能！

双方炮舰都在猛烈地开火，北洋水师的炮火明显占了上风，邓世昌心里非常痛快。但他不知道，水师舰队急于求成，正将有限的炮弹一股脑儿打出，像程咬金的三板斧，唰唰唰劈头盖脸，气势逼人，期待速战速决。

海面上空被弥漫的硝烟遮盖得日光失色，海水白浪翻滚似沸腾一般。

突然,一艘日舰因舰体着火,炮位失灵,调转了船头,看样子是要逃跑了。

北洋海军的将士们顿时欢声雷动:“敌人逃跑了！”

邓世昌哈哈大笑。敌军胆怯了。胜利在望！这时,他看到主力舰“定远”和“镇远”加足了马力，开始奋勇追击。

“好，击沉它！”

但他很快发现，日舰航速极快，“定远”和“镇远”在北洋水师中装备最佳，竟也追不上。北洋将士眼睁睁地看着敌舰逃出了射程外。

邓世昌的眼里都快恨出血来了，跺脚道:“可惜！太可惜了！”

他知道，北洋水师建成以来，并未及时更换炮舰，炮弹也未增加。虽然号称东亚最强，但设备日渐陈旧。与此相反，日本海军在天皇的重视下，励精图治，全民一心，在装备上早已超过了中国。

正在此时，他的脑海中电光雷鸣一般，想到了些什么。

“糟糕！”

他让旗手发信号，要求主舰退回。但已经来不及了。本来一字排开的日舰，忽然变成了雁形阵，将追击的“定远”号和“镇远”号包围起来，集中火力，想要一举歼灭。

邓世昌：“居然中了诱敌深入之计。”

两艘主舰发现中计，但为时已晚，在敌舰密集的炮火中，舰身冒出了滚滚浓烟。其他战舰失去主舰的指挥，顿时阵脚大乱，加上炮弹告罄，相继有战舰失去战斗力。

邓世昌心急如焚。主舰一失，全军不保啊。他镇静地命令道：“集中火力，瞄准主力舰‘吉野’号，掩护‘定远’和‘镇远’，开炮！开炮！”他的脸已被硝烟熏得铁黑，嗓子嘶哑但充满力量。

于是，一发发炮弹划破长空，向日军主力舰“吉野”号飞去。这样一来，敌舰发现它的勇猛，顿时包围过来，朝它猛烈开火。“致远”舰受损严重。船体中弹进水，炮位被毁。

最后，连炮弹也用完了。

“真是天亡我也！”邓世昌将指挥刀重重地插进甲板，双手高高举向天空，眼睛几乎喷出血来。忽然，他镇定起来，一脸刚毅果敢，将辫子缠在脖子上，高喊道：“弟兄们，炮弹用完了，我们还有舰艇！今天，我们为国尽忠！冲上去！撞沉‘吉野’号！”

“撞沉它！”浑身血污的将士怒吼起来。

八百米，六百米……

敌舰发现了“致远”号的意图，所有的炮弹如雨点飞向“致远”舰。舰体到处着火，船舱汩汩地漏水。但舰上的官兵早已将这一切置之度外，他们拖着血迹斑斑的身躯，互相依靠着，聚集在前甲板上，轻蔑地看着“吉野”号上敌人惊慌失措的身影。

四百米，三百米……

正在此时，只听轰的一声巨响，像从海底喷出的一团火球，邓世昌和几名将士被炸到了数米高的天空，撕成了碎片，烧焦的血肉落在海水中，落在杨略的周围。是一枚鱼雷击中了它，舰体被炸成了两段，缓缓地沉入海水之中。

杨略的眼中喷出了火星，拳头攥出了汗水，身体里一股怒火横冲直撞，恨不能亲自操纵炮位，朝“吉野”号猛烈开火。

爸爸把手掌放在他的肩膀上。

“这次惨败，让中国人感到空前的忧虑、失落和愤懑。孔孟曾经认为，凭借道德，弱国不仅可以生存，而且能够克敌制胜。但历史证明这是空想。中国要生存，必须富国强兵！竞争观念由此被一些先进分子所接受。”

他们走进一个议事大厅，许多人或坐或站，都是气势汹汹，争论不休。杨略一看，都是近代的名人。坐在当中的，乃是李鸿章[①]，旁边有康有为、梁启超、严复[②]、孙中山、胡适、鲁迅、毛泽东、邓小平，等等。

他们不是同时代的人，却聚在一起，看来时空已全然打乱。不过这种情况，杨略早已经习惯了。

李鸿章颓然而坐，暗青色的瘦长脸上，几茎花白胡须不住抖颤。

“甲午一败，老夫所建之北洋水师全军覆没。天丧我，天丧我！莫非我中华气数已尽？”

梁启超年轻气盛，拍案而起：“不！事在人为！天运气数之说，误国误民！可杀！”

“事在人为？”李鸿章冷笑了一声，又马上觉得不妥，有损礼贤爱才之名，就以手掩嘴，咳嗽几声加以掩饰，眯起三角眼，“那卓如有何高见？”卓如

---

① 李鸿章（1823—1901）：安徽合肥人，字渐甫，号少荃，谥文忠。淮军创始人和统帅、洋务运动的主要倡导者之一，筹办北洋水师，日本首相伊藤博文视其为“大清帝国中唯一有能耐可和世界列强一争长短之人”。

② 严复（1854—1921）：字几道，福建侯官人，所以也被称作“严侯官”。他翻译《天演论》，创办《国闻报》，系统地介绍西方民主和科学，宣传维新变法思想，将西方的社会学、政治学、政治经济学、哲学和自然科学介绍到中国。

是梁启超的字。杨略知道，古人称字表示尊重。

“我……”梁启超正要回应，他的老师康有为站起来，示意他退下。康有为宽袍大袖，两笔八字胡，目光往四处一扫，颇有磅礴镇静之气度。

“物之大者，有驼，有牛，有马，虽身躯硕大，却被人驯服。虽勤于劳作，却难逃宰割。为何如此？为其弱也！为其愚也！今之中国，古则古矣，大则大矣，却形同牛马，既弱且愚，处处受制于西人，今又败于撮儿小国日本，实乃奇耻大辱！可见，天道无知，惟佑强者！”

“当今之世，物竞天择，适者生存！”一人站起来，朗声说道，字字铿锵，落地有声。众人视之，此人面容清秀，脑后有长辫，穿中式长袍，举止却颇显洋派，乃是翻译《天演论》的严复。

梁启超毕竟年轻，按捺不住，在康有为身后喊道：“好一个物竞天择，适者生存！”

严复向梁启超略一鞠躬，继续他的滔滔大论。

“达尔文曾说，天地物产有限，物不足则争斗。弱肉被强者吞食，愚者被智者奴役。唯有强悍矫捷者，才能生存繁衍！而我中国的圣人，以‘争’为大患，只劝人隐忍，最好饱食终日，无所用心。而民智日渐愚钝，民力日渐衰弱，煌煌中国，竟不能与外国争个高下，这是谁的过错？圣人之罪过也！”

他将中国之弱归罪于圣人，真是惊天之论。众人顿时议论纷纷，摇头者有之，沉思者有之。康有为被称作“康圣人”，所以听严复的谴责，脸上颇有些不自在。

梁启超却大力赞赏：“严侯官所言极是！竞争乃是文明之母也。竞争一日停，则文明之进步立止。近代欧洲列强因此崛起。不优则劣，不存则亡。国人当发愤图强，寻求生存之道。”

李鸿章摸着几茎胡须，问道：“那自强运动，志在富国强兵，不正迎合此道，为何不见成效？”

这时，孙中山起身迈步站到中间。他穿着四个口袋的中山装，虽然个子不高，须发微白，但目光明锐，手势刚劲有力，言语之间洋溢着高瞻远瞩的领袖气质。

“甲午之败，不在军事，而在体制。中国与日本之争，其实是中国人与日本人之争。日本人施行宪政，人人都是国家之主。国强则民强，国富则民富，国与民息息相关。而我中华子民，不过四万万奴隶而已，并无民权。所以天下大事，与我平民何干？即便面临国难，依然散沙一盘。试想，战争之中，日本人是主人为自己而战，我中华子民是奴才为主子而战，哪有不败的可能？因此，我泱泱中华，应实行共和制，我四万万同胞应同享民权，方可人人争先，万众一心，国家由此崛起，能与列强一争高下。”

一旁的蒋介石听完国父所说，很合乎自己心意，脸上露出得意之色。毕竟他领导了一场伟大的战争。他用奉化口音的普通话说：“日寇入侵之时，兄弟不才，合全国之力，历十四年之斗争历练，终告全面胜利，与英、美、法、苏共享战果，巍巍然跻身大国之列！可见，大国当从竞争中来。”

听他们的高论调，毛泽东端然稳坐，抽着烟卷，却是一语不发，有种功败任由人说的气度。他是中国乱世纷争中历练出的伟人，其功绩值得全中国人永远铭记。竞争，或者说斗争，为人民而斗争，让他带领全国人民经过长期的革命，终于赢得民族独立和人民解放，创建了新中国。

邓小平和他一样抽着烟，此时掐灭了烟头，眯眼微笑，满面的慈祥可亲。他操着一口四川口音，阐述自己的理念。

“我觉得，竞争的确是个好东西。不仅国与国之间如此，一国之内也是如此。非竞争则无活力，非竞争则无发展。我力主改革开放，提倡自由竞争，打破大锅饭。农民包产到户，工人按劳分配，谁都可以注册公司，去市场里竞争。这样一来，国内顿时千帆相竞，活力无限哪。短短三十年，中国已迈入大国行列，人民生活也有了很大的改善。”

众人的脸上都浮现出欣悦的光辉。这段跨时空的名人会谈也就此结束。

二、竞争，但不服从丛林法则

走出议事大厅，杨略看着窗外高楼林立，虽然有些尘霾，让天空不再湛蓝，但他心中也倍感骄傲。毕竟，落后就要挨打，中国的和平崛起，就算伴随着环境问题和公平问题，但毕竟维护了每个中国人的安全和尊严。

爸爸站在一旁，看着他的神情，轻轻问道："略略，你觉得竞争完全是好事吗？"

杨略一愣。他没有想过这个问题。他们这一代人，从小就被灌输了竞争理念。小学时"不能输在起跑线上"，中学时"人生能有几回搏"，读了大学要提高"核心竞争力"，踏上社会就得"像勇士一样去战斗"。生命不外乎一场无止境的竞争，不参与就会被挤出局，谁也逃避不了。

"竞争，应该是好事……"他又谨慎地添了一句，"至少，利大于弊。"

"我们先来看两段录像。"

爸爸用手一指，玻璃幕墙就成了屏幕。

第一段

这是一个小学的门口，教学楼沐浴在清晨的阳光里。校门还没开，许多学生在门口排队，彼此交流着昨晚看的动画片。马路上车水马龙。早餐店里热气蒸腾。清洁工打扫着学生丢下的早餐袋。一切宛如平日。

突然，一个灰色上衣的男子从马路上冲过来，手里明晃晃的，居然是一把匕首。他像一头老鹰，扑到学生群中，擒住一名矮小男孩的衣领，将刀子狠狠地捅进了他的胸口。男生捂着胸口，居然一声不吭。他吓傻了。

那男子喊道："他们不让我活，把我逼疯了，我也不让大家活！"男孩缓缓瘫软下去，喉咙里发出低沉的呻吟声，殷红的血从指间渗出来。

仿佛只是一瞬间，男子四处乱窜，刀锋过处，十几名学生被男子捅了肚子，砍伤了胳膊，倒在地上，匍匐着求救。

那男子像狼一样嚎叫："我恨这个社会！我恨！"

这个事件杨略是听说过的，但看到真实场景，依然觉得触目惊心，身上一阵阵发冷。

"这人是神经病吗？"

"不是，"爸爸摇摇头，"这名男子40多岁，失业在家，没钱，没房子，恋爱受挫，遭受了种种歧视，对社会怀恨在心，就对孩子下了手。"

“贫穷就要犯罪，哪有这种道理？”

“可在我们这个时代，贫穷似乎成了罪孽。根据社会达尔文学说，既然优胜劣汰，贫富悬殊便有了合理性。社会崇拜权贵，对弱势群体缺乏同情，社会资源分配不均。于是强者心安理得，而弱者深感耻辱，怀恨于心，不惜铤而走险，发泄私愤。”

杨略颓丧地问道：“那我们该怎么办呢？”

爸爸把双手插进裤兜，眺望着楼下的车水马龙。

“竞争促进发展，但我们竞争的又是什么？对于绝大部分人而言，并非因为第二天没饭吃，而是想耀武扬威地盖过他人，于是满心焦虑，惶惶不安，这我们在‘自乐’课中已经讲过。现在我想谈的，是有些人正把竞争与丛林法则混为一谈。”

“丛林法则？”杨略说，“就是丛林之中，恃强凌弱，弱肉强食，不是你死，就是我亡，对吗？”

爸爸点点头，脸上满是凝重：“我曾听到人说，市场竞争的实质就是丛林法则。这实在是荒谬！如果社会是丛林，那就无须法律，只靠暴力。动物界要生存，靠的是爪子、牙齿；而人类要生存，靠拳头无济于事，于是追求权力。因为有了权力，就能合法行使暴力，为所欲为。”

“这还是文明社会吗？”杨略困惑了。

而幕墙上又开始了新的录像。

第二段

这是一个广场，主席台上，巨大的纳粹旗帜下，希特勒身穿军装，正在演讲。

“一切生命都在进行一场永恒的斗争。世界不过是适者生存、强者统治的丛林。你们是要做七千万奴隶，还是七千万坚贞不屈的日耳曼人？我们不是机器，不是牛马，我们是人！是从不屈服的日耳曼人！我们要为自由而战！为一个新的、公平的世界而战！我们要用德国的剑为德国的犁取得土地！为德国人民取得工作和面包！用铁和血，让劣等民族为我们腾出生存空间！”

他不停地变换着手势，配合着他歇斯底里的呐喊。广场上欢声雷动，无数根胳膊直直地伸出，像一片黑色的丛林。

场景切换。一长列犹太人被党卫军推上列车，运到集中营。健康的男女穿上黑白条纹的囚衣，留下干活。因为营养不足，一个个形同骷髅。一旦生病，就被抬进毒气房，烟囱里飘出了浓重的黑烟。

杨略陷入沉思，一个诞生过康德、歌德、黑格尔的伟大国度，本应该文明昌盛，却成为一战二战的罪魁祸首，其中缘由，他百思不得其解。

爸爸解释说："希特勒将世界人种根据优劣，分为十七等，以优秀民族铲除劣等民族，获得更大的生存空间，走向繁荣昌盛，这符合社会达尔文主义的法则。其实白人贩卖黑奴、杀戮印第安人，都以'生存竞争''进化论'来做借口。"

"这太荒唐了。"

"在希特勒看来，人类生存资源有限，优胜劣汰，势在必行。除了消灭犹太人，他还要逐步铲除其他种族，最后在日耳曼人中还要进行选拔，只有所谓的精英能繁衍后代，而体弱多病者则被淘汰。希特勒觉得，在大自然里，最强壮的雄狮才有交配权，人类也应该如此。"

"我想，自然法则并不适用于人类社会吧。"

爸爸笑着说："种族优劣论的荒唐，就是违反了'天赋人权'之说。人生而平等，生存权、财产权、言论权与生俱来，并不是靠竞争得来的。所以即便是残疾人，我们非但不能歧视，还要关爱。这才是美好的社会。"

"幸好我们这儿没有希特勒这样的疯子。"

"但这种社会达尔文主义在很多国家地区也曾盛行，带来了空前的活力与物质的进步，也造成了残酷的竞争和恶势力的泛滥。而归根到底，他们误解了达尔文的本意。"

"那达尔文到底说了些什么呢？"

"在他看来，社会中真正为生存而竞争的人极少，大多数人在争夺享受资源。而要想在这场竞争中赢得胜利，必备的品质除了精力充沛、勤劳肯干、才智过人、意志坚定，更需要有理解他人的同情心，合作共存，达到共赢。"

“那竞争是不必要的吗？”

“没有竞争，人生将是沉闷和无趣的。苦行的圣者和超俗的哲人可以无欲无求，可以作为社会的点缀，但整个世界若都由这类人组成，那将乏味之极。但竞争也得守规则，而不是一味的弱肉强食。”

“什么规则？”

“竞争就像比赛，而比赛就必须要有规则。略略，我有些累了，先出去休息一会儿。接下来你自己往前走，有人会给你上课。”

爸爸现在更容易疲劳了。

“爸爸，你不要紧吧？”

“不要紧。休息会儿就好。”

说这话的时候，爸爸的眉头缩紧，似乎忍受着痛苦，然后他凭空消失在视野里。杨略心里很担心，很想走出醒客世界，但他自己无法退出程序，只好待在远处。

三、每个人都是社会的股东

等了许久，爸爸还没有回来。杨略就往前走去，忽然眼前起了烟雾，并且变幻着颜色，先是一片明媚的石榴红，接着出现了迷蒙的芒果色调，宛如步入瑶池仙境。继而颜色越来越淡，直到最后雾气散尽，眼前只有一片炫目的洁白。

等眼睛适应了光线，杨略发现自己置身于一个白玉砌成的宫殿里，四周的一切都是白色的：白色的廊柱、白色的穹隆、白色的地板，连宫殿里的一切装饰，都是纯洁的白色。唯有墙壁无数个钟表的指针是黑色的，都在滴滴答答地走。两侧墙壁往前延伸，似乎没有边际。

“我这是到了哪里？”

他正在疑惑，忽然听到一阵小孩子的嬉笑声，就循声往前走去，拐了个弯，眼前出现了一个辽阔的大厅，里面全都是小孩子，最小的还在地上爬，最大的也不过是十来岁。他们从头到脚都穿戴成白色，胸口都写着自己的名字，有英文，也有中文。他们中有黑头发的，也有黄头发的。眼睛有深邃的黑色，也有迷人的蔚蓝色。像是全世界的孩子都聚集到了这里。

杨略身处这些孩子当中，觉得自己的黑色牛仔裤、蓝色条纹衬衫很另类。果然，那些孩子也觉得很奇怪，一个个都围拢过来，抬起头，好奇地从头到脚打量着他。

“看哪，他长得多高啊。”

“而且穿着好奇怪的衣服。”

“我从来没有见过他。”

一个金色鬈发的男孩走出了人群，他看上去不过五六岁，站在杨略面前，仰头看着他，同时还叉着腰，胖乎乎的小肚子往前隆起，短袍下露出同样胖乎乎的小腿和小脚丫，胸口写着“亚历山大[①]”。他很神气地问道：“你是从哪里来的？”

杨略不知该怎么回答，反而往四周一看。

“这是在哪里？”

亚历山大皱起眉头，用力地摇着头：“如果有人向你提问，你得先回答。尤其是在我问你的时候。”

看他用那样稚嫩的声音，自负地说着大人的话，俨然把自己当成一个大人物，杨略觉得很有意思，就随口回答道：“我从一个五颜六色的地方来。”

这句无心的回答，却有着惊人的效果。亚历山大张大了嘴，朝身后的孩子们喊道：“听见了吗，他来自五彩世界！我们明天就要去的地方！”

“哇！”孩子们都惊叹起来，停止了玩耍，把目光都集中在杨略身上，有几个活泼的孩子还翻起了筋斗。

杨略奇怪地问：“你们要去旅行？”

“不！”亚历山大兴奋得小脸通红，“我们明天要出生。”

“你们还没出生？”

“当然，这里是未来王国，所有的孩子都没有出生。不过，这个大厅里

---

① 亚历山大：古代马其顿国王，著名军事家。他足智多谋，以其雄才大略，东征西讨，建立起了一个西起希腊、马其顿，东到印度河流域的庞大帝国，创下了前无古人的辉煌业绩。公元前323年，他在巴比伦发高烧身亡，去世前深明人生的虚空，自己奋战十余年，战无不胜，却胜不了死亡，并命部下在其死后将自己的棺材两侧留上孔将其两只手伸出，以示后人，他虽一生奋战终仍两手空空离去。本书借用其名字，只为小说增添趣味。

的孩子，包括我，明天就要出生了。”

这时，越来越多的孩子围拢上来，七嘴八舌地问道：“五彩世界在哪里？有我们的宫殿大吗？”

“那里的人都有你这么高吗？我能不能也变得这么高？”

“你认识我的爸爸妈妈吗？他们脾气怎么样？”

……

问题太多了，杨略回答不过来。亚历山大显然是他们的头，他大模大样地说：“大家静一静，一个一个问。你，维克多·雨果[①]，先来问吧。”

雨果是一个蓝眼睛，看上去爱好思考的孩子。他眨着大眼睛，想了很久，要问一个高明的问题。但他毕竟只是孩子，再高明的问题，也不过是：“出生以后好玩吗？”

“好玩啊。”面对纯洁的孩子们，杨略暂时把人间的苦难与丑陋都忘却了，只有蓝莹莹的天空，清莹莹的溪水，奶酪色的阳光，灿烂的鲜花与晚霞。

雨果脸上露出最美好的笑容，像一束洁白的月光，照射在杨略的脸上。

“都有哪些好玩的？”

“比如有很多玩具。积木、小汽车、小飞机、小轮船什么的。当然，女孩子可能更喜欢毛毛熊。”他的脑海中浮现出许多画面：一按遥控器，一架军绿色的直升机就突突突地飞起来；过年时点上焰火，夜空就变成了绚烂的花园；夏天在碧水里游泳，冬天在雪地里堆雪人，也都有无限的乐趣。

这里的孩子都能看见他脑海中的画面，发出一阵阵的欢呼，眼睛里都流露出无限向往的神情。

雨果问道：“还有呢？”

“还有许多好吃的，香喷喷的、甜丝丝的，什么都有。天热的时候，就吃冰激凌、雪糕，还有冷饮，再来个西瓜也不错啊。天冷了，就吃蛋糕、烤肉，或是热乎乎的火锅。”

雨果沉入美好的幻想。但他毕竟爱思考，他问道：“每个小孩都有吗？”

---

① 维克多·雨果（1802—1885）：法国作家，人道主义的代表人物，19世纪前期积极浪漫主义文学运动的代表作家，其代表作有《悲惨世界》《海上劳工》《笑面人》等，贯穿他一生活动和创作的主导思想是人道主义、反对暴力、以爱制“恶”。

“那倒不一定。”杨略诚实地回答，“有些人不太有钱，就没有很多玩具，也不能总去吃好吃的。”

一个黑头发的小女孩扯了扯杨略的裤子，怯生生地问：“要是没有钱，就没有玩具，也没有蛋糕，那是不是很可怜？”

她叫辛迪蕾拉[1]，长得太瘦弱了，苍白的小脸上似乎只剩下一双大眼睛，还郁郁寡欢地皱着眉头，让杨略心生同情。他俯下身去，摸了摸她的头发。

“是很可怜，不过，你会有很爱你的爸爸妈妈。”

“万一没有呢？”

她是个愿意把事情往最坏处想的女孩。杨略一时难以回答，并且想到了一张著名的相片。苍黑的天空下，一个黑人小女孩形同骨架，蹲在地上饿得站不起来，身后是一只黑色的秃鹫，正在静静等待。她的爸爸妈妈又在哪里呢？

辛迪蕾拉看到杨略脑海中的景象，顿时被吓坏了，一边往后退去，一边哭着说：“那是个可怕的世界，我不想出生了。”

哭声要比笑声更有传染性，旁边的许多小孩也都哭了。

亚历山大喊道：“不许哭！掉眼泪的人是最没用的，就应该喂老鹰！”

他这么一说，大家哭得更厉害了，连雨果也掉下了眼泪。哭声在宫殿里回荡，声音如此之大，墙上的钟表都被震得琅琅作响，让人感觉到，要是再哭下去，宫殿就要倒塌了。

这时，宫殿深处响起了沉重的脚步声，缓慢地越来越近，伴随着尖利的咳嗽声，还有金属刮着石头的声音。

“时间老人来了！”

亚历山大喊了一声。大厅里一下子沸腾了。一些勇敢的孩子冲上去迎接他。一些胆小的，就躲在了廊柱后面，或是桌子底下。

杨略问道：“时间老人是谁？”

雨果说：“时间就是这个宫殿的主人，我们谁该什么时候出生，都得听他的安排。他的心肠不坏，就是凶巴巴的，我们都有些怕他。”

---

① 辛迪蕾拉：即童话人物灰姑娘。

亚历山大昂首挺胸："我可不怕他！"

旁边的大门敞开了，时间老人出现在他们面前。他披着灰色的斗篷，左手拿着一个巨大的沙漏，右手拖着一把长长的镰刀。刚才金属刮地的声音，就是镰刀所发出的。他的白胡子一直拖到膝盖，脸上全是皱纹，没有一点表情。谁也不知道他的年纪。他比世界上的一切都要年老，但又比一切都年轻，因为他永远不会死去。

他用锐利的目光往四处看了一圈，开始说话了。声音如同洪钟，在宫殿的四处回荡，盖住了所有孩子的声音。

"明天就轮到你们去五彩世界了，这不是你们盼望已久的吗？为什么还要哭？是谁最先哭的？"

所有孩子都看着辛迪蕾拉。她又被吓哭了，用抖颤的声音说："我，我不想挨饿……"

"谁告诉你们会挨饿？"

所有孩子又都看着杨略。

时间老人看出了杨略的身份，非常恼火，把镰刀往地上一顿，石板上立即全是裂纹。

"你为什么要告诉他们这些？"

在这个严厉的老人面前，杨略一时也有些恐慌。

"我只是说了实话。"

时间老人虽然年老，但身手快捷无比，只一闪，就到了杨略身边，用他灰色的斗篷罩住了他们两人，这样孩子们就看不到他们脑海中的画面了。时间老人把脸贴得很近，逼视着杨略，声音低沉但严厉地说："别以为你有多高明！我一直保持着孩子对未来的美好想象，可你一来就破坏了这一切！你以为让孩子们知道世界的真相，对他们真的有好处吗？"

"至少……至少让他们有个准备……"

"准备？"时间老人一甩长长的胡子，"什么准备？一出生就让他们精于算计？你太残忍了！如果他们对未来一无所知，那么这些美好的幻想，至少可以陪伴他们度过幸福的童年。"

"但这样的自我麻醉，根本于事无补！"

"不麻醉，又能怎样？"

"世界本来就是不公平的，但总得有人把它变得更公平一些。这些人，为什么不是这些孩子？"

杨略有着年轻人独有的理想主义。这种锋锐的气势，让时间老人一下子有些震动了。毕竟他是一个善良的老人，只不过活得太久，看得太多，反倒觉得一切都无能为力了，语气也就温和了些。

"你认为什么是公平？"

这个难不倒杨略，他曾在伦理学课上学到过。

"最原始的公平就是等利害交换。所谓等利交换，就是投之桃李，报之琼瑶，以此达到共赢；所谓等害交换，就是以眼还眼，以牙还牙，以此防止暴力侵害。当然，我们现在的公平，内容更多，什么机会公平啊，分配公平什么的……"

"你真觉得这样的公平可以实现吗？"

"趁着他们还没出生，也不知道以后家境怎么样，自己是聪明还是愚笨，是健康还是多病，如果签订一个对大家都有利的契约[1]，你不觉得这样很可行吗？"

时间老人沉思了很久。

"我觉得，你说的也有些道理。也许，我早就应该试一试。"

他把斗篷收了起来，走到大厅中间，用他洪钟一般的声音说："孩子们，你们希望出生以后，还像在未来王国里一样，每个人都穿一样的衣服，吃一样的食物——也就是说，得到完全的平等吗？"

辛迪蕾拉说："对，我要完全的平等。"

其他孩子也都赞成这样的平等。

"好。我让你们看看完全平等的世界是怎么样的。"时间老人又把镰刀往地上一顿，地板变透明了。

---

①此处借用了罗尔斯"无知之幕"的概念。罗尔斯在《正义论》说，我们聚集在一起，在一道"无知之幕"的背后，来选择社会的原则。但我们并不知道自己将在社会中的阶层、性别、种族、信仰；也不知道自己的优缺点——是健康还是体弱多病，是高学历还是文盲，是出生在一个完整和睦的家庭还是一个支离破碎的家庭。如果不知道这些事情，那我们就会从一种原处的平等状态进行选择。而制定的原则，就会是公平的。

脚下出现了一个灰色的世界。所有的建筑都是灰色的，像火柴盒一样千篇一律，马路两旁的行道树都是剪成圆球状、大小一致的香樟树。所有人都像一个模子里刻出来的，无论大人小孩，全都穿灰色的制服，没有谁更强壮，也没有谁更漂亮。他们每天同一时间起床，同一时间去工厂上班，同一时间下班，但从来没有工资，因为所有的必需品都是统一分配的，他们吃一样的饭菜，住一样的房子，看一样的电视节目。

偶尔有几个人长得帅气、强壮、聪明，为了保持与其他人的绝对平等，他们必须刮掉眉毛，戴上可笑的黑牙套，拖着沉重的破铜烂铁，头上戴一个智能障碍器。

亚历山大说："这太可怕了！我可不要这样的平等。"因为他一直觉得自己高人一等。

一个叫诺齐克[①]的孩子插嘴说："在这样的世界里，努力和懒惰，报酬是一样的，那我可不愿意好好工作，天天混日子好了。"他有一个鹰钩鼻，眼睛像两颗小小的豆子，给人以狡猾的感觉。但他的话博得了大家的赞同。大家都觉得灰色的平等世界简直太乏味了。

雨果说："如果大家都偷懒，不生产东西，最后只能一起受穷挨饿。"

杨略很赞同，因为他知道，绝对的平等主义，生产效率极其低下，曾在中国历史上造成巨大的饥荒。雨果的话，也得到了时间老人的肯定。他朝雨果点了点头。

"在社会中，只有基本人权方面需要绝对的平等，以保证大家的安全、自由、法律面前人人平等。但除此以外的平等，只会造就更多的懒汉，对勤奋工作的人非常不公平。"

关于人权，孩子们都听不懂，亚历山大说："在我看来，就得让有本领的人施展本领，并且获得丰厚的回报，这样才会更有干劲。事实上，在我看来，世界就应该属于那些聪明的人、勇敢的人、努力的人。而那些愚蠢的人、胆小的人、懒惰的人，就应该一无所有。"

---

① 诺齐克：借用哈佛大学教授诺齐克（1938—2002）的名字。诺齐克在著作《无政府、国家与乌托邦》中主张，任何财富的分配，只要手段正当、自愿交易，那就是正义的，即使这种分配数量极大也是一样。

雨果说："多劳动，多报酬，我觉得这是合理的。"

诺齐克站到亚历山大身边，像要做他的忠实手下，仰着脖子说："不错，其实贫穷都是自己造成的，不是因为愚蠢、胆小，就是因为懒惰，要不就是既愚蠢又胆小而且又懒惰，根本不值得同情。"

杨略听到这里，心里咯噔咯噔乱跳，因为诺齐克所说的，居然就是社会达尔文主义。更可怕的是，许多孩子都赞同诺齐克的说法。

时间老人说："那你们想知道这样的世界是怎么样的吗？"

"想！"孩子们异口同声。

"那我们就看一看吧。"

眼前出现了繁华都市的大厦林立，也出现了偏僻乡村的断壁残垣；出现了学生在明亮的教室里上课，也出现了山区小学里简陋的桌椅。最让孩子们动容的，却是这样的一组对比：

金碧辉煌的大厅里，头顶挂着璀璨的枝形吊灯，餐桌上摆着丰盛诱人的佳肴，当中是一个巨大的生日蛋糕。一个小女孩穿得像个公主，吹灭了蜡烛，收到了许多礼物，高兴得拍手欢笑。

外面正在下雪，在一个萧条的荒村，有许多幽暗的平房，一个窗户透出了光亮，屋子很小，只有几样简陋的家具，墙壁糊着报纸，一位皮肤粗糙的母亲在灯下糊锡箔，不时焦虑地看一眼旁边肮脏的小床。床上一个小姑娘盖着单薄的被子，额头上盖着有破洞的毛巾，正在发着高烧，迷糊地呻吟着。母亲含着眼泪说："孩子，再忍一会儿，等我干完这点活，就有钱送你去看病了……乖，再忍一会儿……"

看到这里，辛迪蕾拉又掉下同情的眼泪。其他的孩子也都震惊了。强者为王的世界，原来并不是那么美好。

时间老人说："很遗憾，孩子们，你们出生以后，或许会成为受尽宠爱的幸运儿，也有可能会成为没钱看病的苦孩子。因为五彩世界是不公平的，人与人是不平等的。"

雨果问道："为什么那些富人不能送穷人的孩子去看病呢？"

时间老人说："也许他们不愿意去做。就像诺齐克说的那样，穷人不值得同情。”

诺齐克显然开始有些犹豫，但大庭广众之下，他觉得承认错误就是丢面子，于是硬挺着说：“富人的钱是自己的，要不要帮助别人，完全可以自己做主。”

一个叫罗宾汉[①]的男孩子愤愤不平，捋起袖子，露出胖乎乎的手臂。

“那我就做一个侠客，把富人的钱抢过来，分给穷人。”

他的英雄气概，赢得了不少掌声。

“可是你为什么要抢我的钱？”诺齐克似乎真把自己当富人了。

罗宾汉说：“你有钱，又不肯帮人，肯定不是好人。”

“我靠自己的努力，不偷不抢，挣了很多钱，与你有什么关系？我愿意给别人，那是我好心。不给，那是我的自由。你有什么权力来指挥我？”

“这就是我的权力！”罗宾汉挥舞着拳头。

诺齐克那么瘦弱，肯定不是罗宾汉的对手，所以躲到了廊柱后面，嘴巴却并不放松：“五彩世界里，肯定会有警察。”

罗宾汉并不去追赶，只是狠狠地说：“哼，所以说，警察都是富人的帮手。”

这时，时间老人一捋胡子，目光如电一般直射过去。

“罗宾汉，靠拳头解决不了问题！”

“难道您赞同诺齐克的说法？”罗宾汉愤愤不平。

时间老人说：“在一个公平正义的社会里，无论出身贫困，还是出身富贵，都要有平等的受教育机会，拥有一个平等的起点。同时，社会要营造一个公平竞争的环境，每个人都能自由地发展才华，不受束缚地成长，让才干卓越、性格坚毅者脱颖而出。在这两个前提下，如果诺齐克挣的钱是从合法竞争得来的，就不应该被任意剥夺。”

诺齐克听到这里，脸上露出得意的神情。他之前可没想过这样的好运气，时间老人居然站在他这一边。他正觉得受宠，朝时间老人微笑表示感激，没想到时间老人却将锋利的目光对准了他：“诺齐克，如果你挣了许多钱，全都应该属于你吗？”

---

① 罗宾汉：英国民间传说中的侠盗，武艺出众，机智聪明，劫富济贫，行侠仗义。

“那当然。”诺齐克心里奇怪，时间老人怎么出尔反尔呢？

时间老人继续追问：“那你出生的家庭，是你努力的结果吗？”

“不是。”

“如果你出生在一个富人家庭，继承家族的产业，当然更容易成功。相反，如果你父亲只是个贫穷的木匠，那你的成功之路将布满荆棘。靠家庭背景的成功，是一种偶然的幸运，并不能完全归功于你自己。关于这一点，你同意吗？”

“可是……”诺齐克并不认输，“就算我出生贫穷，照样能出人头地。”

“你靠什么出人头地？”

诺齐克脸上露出自负的神情。

“我的天赋、勇气，还有努力。”

“天赋是你应得的吗？”

“哈哈哈，”诺齐克笑出声来，号称聪明绝顶的时间老人，居然问出了这么愚蠢的问题，一旁的亚历山大也露出了微笑，“我的天赋当然只能属于我，就像胳膊、大腿一样，是我生命的一部分，不可分割。”

时间老人无视他们的讥嘲。

“既然是天赋，就是上天赋予你的。比如有些人天生就跑得很快，有些人天生就跳得很高，都是一种偶然性，就像彩票中奖一样（当然，你们不知道什么是彩票），不是你努力的结果。所以，你不能心安理得地拥有它。同时，社会提供的机会，也不是你努力的结果，比如有些时代奖励勇士，有些时代推崇读书人，有些时代崇拜演员，如果你恰好有这方面的天赋，那么你会轻松地获得财富和声望。但是这些丰厚的收获，并不只属于你自己。”

这些话有些费解难懂，诺齐克的思路绕进去了，一时没绕出来，只好另找出路：“我就算没有天赋，但通过勇气和努力，还是可以获得财富。后面两样东西不是偶然的，所以获得的财富，总该完全属于我自己了吧？”

时间老人固执地摇头。看样子，他是打定主意要与诺齐克辩论到底了。

“也不一定。你的财富，是在社会中获得的。而社会是什么？是由人组成的共同体。一个人无论其品行高下、成就如何，只要他生活在社会中，就已经为社会作了一大贡献：创建了社会，同时放弃了一些自由。也就是说，每个人都是‘社会’这家公司的股东。而正因为有了社会这个平台，你们才有机会施展才华，建功立业，将社会经营得红红火火。你们获得了很多，也应该拿出一部分钱来，交给社会的其他人，因为他们就算很贫穷，但也有资格获得这些。”

诺齐克的想法都被时间老人被反驳了，思考了一番，渐渐也认可了。

一旁的雨果说：“那怎么才能让富人们拿出钱来呢？”

时间老人说：“通过收税的方式，获得越多的人，交的税也越多。这笔钱，用于资助穷人，办公共事业，比如学校啊，医院啊什么的，以此来达到社会的公平。”

杨略在一旁点头。这是许多国家目前所采用的方式，大家努力去挣钱，完成财富的初次分配，而后由政府出面，进行财富的再分配，按照比例抽取税收。

时间老人继续说：“在一个公正的社会里，多劳多得，少劳少得。同时，只要有一个人挨饿，所有人就不能心安理得地大吃大喝。生活在这样的社会，大家既拥有进步的动力，也拥有基本的保障。你们愿意去吗？”

“愿意！”

孩子们异口同声。

时间老人说：“希望你们出生以后，不要忘记今天的约定。”

爱好思考的雨果这时候又发问了：“请问时间爷爷，刚才您不让罗宾汉劫富济贫，现在却说通过收税，让富人给穷人发钱，那么到底由谁来收税呢？”

“政府。”

“政府是人吗？”

“不错，是很多人。”

“既然是人，那也很容易不公平。比如说，他们把收上来的税塞进自己的口袋，不发给穷人，那该怎么办呢？”

“所以政府需要监督。”

“谁来监督呢？”

“政府。”

“自己监督自己？”雨果觉得不可思议。

时间老人还没有回答，墙上所有的时钟都当当当敲响了。时间老人洪钟般的声音响了起来，盖过了一切。

“孩子们，你们降生的时间到了！”

这时，靠右边的白色墙壁往两边退开，出现了一扇很大的门。门外停泊着一艘金色的大船，挂着洁白的风帆，漂浮在云海之上。在时间老人的指挥下，所有的孩子都往大船上走去，带着最后一点疑惑，开始他们新的人生。

四、谁拥有控制别人的权力？

杨略目送着时间老人和孩子们，脑海中却萦绕着雨果的疑问。自己监督自己？听起来虽然荒诞，却是社会的现状，所以腐败、非正义层出不穷。可见公平正义虽明媚如太阳，但光靠几句口号，乌云不会散去。必须靠勇毅之士起而抗争，拨开乌云，捍卫正义，阳光才会普照大地。

杨略内心又是一热。

金色的大船收起了巨大的铁锚，响了几声清亮的汽笛声后，缓缓地沉入云海，甲板上活蹦乱跳的孩子们也消失在白云中。杨略一个人站在洁白的宫殿里，耳边从喧闹变得宁静，一时让他感到有些孤单。

这时一阵旋风从宫殿深处袭来，杨略猝不及防，被掀到了空中，像洗衣机滚筒里的衣服一样旋转起来，眼前变幻着绚丽的色彩。云雾围拢过来，像一条毯子，将他紧紧裹住，从宫殿里往外抛出。然后，他感到自己正在坠落，往下看，只见一片黑暗。接着，黑暗中出现橙黄色的一团，一团又散成星星点点的亮光，杨略看出那是一个城市。接着，城市迅速变大，他看到了街道、大楼、霓虹灯、行人，一切都扑面而来。

但并没有剧烈的撞击出现，他的脚轻轻地触到了地面，却是一家酒吧门口，后面黑黢黢的，是一座山丘。他一走进酒吧，顿时被卷入声浪的冲击波中。

以前他对这种环境避犹不及，但爸爸今天安排他来这里，必然是有用意的。于是他找到一个靠窗的座位，点了杯啤酒，看着舞池中的男女，纵情暴烈，浮光凌乱，将理智的烛火冲得熄灭，于是肉体得以释放，情不自禁地随着声浪舞动起来，沉溺在自由的疯狂享乐之中。

正在胡思乱想，酒吧的门哐啷被撞开了。大伙儿往门口一看，一截黑塔立在那里，还带进了一股寒风，门框顿时显得矮了几分。那是一条高大的汉子，估计有一米九，穿着黑色风衣，长发飘垂，两只眼睛射出寒光往四处一扫，大伙儿感到一股杀气，顿时安静下来，被他的气势给镇住了。

他们眼睁睁看着这大汉缓缓地走进来，风衣的衣摆款款而动，长筒皮靴在木地板上咯吱作响。这才看清，他脸色黝黑，嘴唇有些发紫，胡子拉碴的，看不出岁数。风衣的料子还算不错，却早磨损了，像水中泡过的猪皮，浮肿而褶皱。一双皮靴全是泥巴，风衣上也斑斑点点，似乎刚从沼泽中涉水过来。

“不会是刚越狱的吧。”

“瞧他的样子，绝非善类。”

“嘘，小声点。”

人群在窃窃私语。这汉子径直在杨略的对面坐下，看了一眼杨略，就默默坐着，看着叠在面前的双手，一动不动，连酒水也没有点。服务员也不敢上前。

杨略却看到他的脸像波动的江面，各种情绪纷至沓来，愤怒、愉悦、厌恶，层出不穷，又被强硬地压抑下去。或许有一场战争在他内心进行。这多像一个末路英雄，落魄而忧伤，却又埋藏着巨大的能量。杨略起了好奇之意，还有一点写作者的敏感。他的身上，或许有许多精彩的故事。

“你不喝酒吗？”杨略问道。

“没钱。”声音低沉，如同组合音响中的低音炮。

这是杨略没有想到的答案。

“我请你？”

大汉点了点头，看了他一眼，掏出了一根烟，在身上摸了半天，却掏不出火，就扔在一边，又恢复了冷凝的气质。

于是杨略点了啤酒，二人对饮。那大汉果然海量，也不说话，只是喝酒，一瓶一瓶下去，就像水浇进沙漠，一点痕迹都不留。

杨略有很多话想要问他，却不知从何问起，就陪他喝了几杯，渐渐有些上头，脸上挂着一点微笑。但那大汉只顾喝酒，端酒杯的手却有些不太稳当，不时看一看腕上的手表。

这时酒吧的门又响起了咣当一声，出现了三个黑西装的汉子，为首的是平头，身材魁梧，一脸横肉，额头上一条刀疤，像卧着的蜈蚣，将左眉断作两截。身后两个戴着墨镜，模样甚是俊秀，然而都扭曲作狰狞状。三人的裤管和鞋子都沾了泥点，显然走了一段山路。

刀疤双手叉腰，四处一张，看见了黑风衣的大汉，就带着两个墨镜径直走了过来，在桌子旁边站住，看看那大汉，又看看杨略，嘴角一提，冷笑了一声，说："雷添翼，到处没找到你，想不到这么有雅兴，来这儿喝猫尿了。"

"庞二虎，有事说事。"雷添翼头也不抬。

"好！乖乖把东西交出来，否则……"庞二虎目光一闪，从袖口滑下一把匕首，明晃晃地捏在手上。周围的顾客都一阵惊呼，纷纷往外逃去。庞二虎忽然一甩手，匕首径直飞出，插在吧台后面的墙上，犹自颤抖不已，把正想打电话报警的调酒师吓得抖若筛糠。

"看谁敢乱动！"庞二虎声量不高，但每个人都觉得耳膜嗡嗡作响，一个也不敢吭声。

雷添翼说："东西不在我身上……"

"哈哈哈。"庞二虎仰天长笑，笑了足足有两三分钟，忽然一变脸色，手中又有了一把匕首，一闪身，就刺向雷添翼的胸口。杨略惊呼一声："小心。"雷添翼侧身避开，趁势站起来，右手将一个酒瓶举起，就要砸过去。但他脸上立即浮现出极痛苦的表情，只好将右手垂下，显然是受了极严重的伤。刚才拼命喝酒，恐怕只是想麻痹一下。

庞二虎一见，心中狂喜，将匕首横着割过去，只听扑哧一声，雷添翼右臂中刀，鲜血长流。雷添翼怒吼一声，像平地起了惊雷，腾身一个飞腿，正中庞二虎的胸口，将他踢得往后噔噔噔连退三步，撞倒了一张桌子，稀里哗啦，地上一片狼藉。

庞二虎黑了脸，喊道：“哥几个，还等什么？”三人手里都亮出了兵刃，从三个方向同时出击。雷添翼手臂中刀后，反倒忘记了疼痛，抓起一把靠背椅子，运转如飞，虎虎生风，三人近不得身。

庞二虎一看不是办法，往怀里一摸，掏出一把手枪，指着雷添翼。

“我倒想看看，你这把椅子，能不能挡住子弹。”

众人一阵惊呼，纷纷趴在地上。他扣了扳机，雷添翼右臂中弹，又一扣，左臂中弹。椅子掉在地上。但他圆睁着双目，死死盯住庞二虎。

庞二虎说：“有什么法宝，尽管使出来呀！”他将枪口对准了雷添翼的心脏，但忽然表情起了变化，目光变得呆滞，定定地看着雷添翼，嘴角似笑非笑，手臂慢慢收回，将枪口对准了自己的太阳穴。

两个跟班一见大惊：“二哥！”雷添翼扫了他们一眼，他们顿时瘫软下去，竟毫无反抗能力。

但雷添翼眼睛的凶光一点一点熄灭下去，身上的杀气也渐渐消弭，捂住了胸口，长叹了一口气，重新坐在桌子前，背对着他们，面如死灰，又开始喝酒，一杯接一杯，然后干脆用酒瓶直接往喉咙里灌，似乎把什么事情都置之度外了，轻轻地说：“也罢，你们动手吧。”

庞二虎和两个跟班被解除了控制，渐渐缓过神来，听雷添翼这么说，面面相觑，不知道他又有什么新花招。

雷添翼侧过脸，喊了一声：“你们还等什么？”

庞二虎虽然心怯，但一想，要是此番放过雷添翼，回去不好交代，于是啐了一口，抬手朝雷添翼就是一枪。只是手依然有些发抖，枪口偏上了点，擦过雷添翼的肩膀，射入了天花板，将一盏灯击灭了。

雷添翼低沉地怒吼了一声：“给老子来个干脆的。”说毕，转过身来，撕开了上衣，露出结实的胸膛。“往这里打！”脸上全是赴死的决心，甚至还有些释然的笑意。但在庞二虎等人看来，这副奇怪的表情，反而让他们不寒而栗。

庞二虎嘀咕了一声：“这可是你自找的！”他又抬起了枪。正在此时，酒吧里忽然一片漆黑。庞二虎一惊，以为又是雷添翼在作怪，急忙一边乓乓放枪，一边往后退去。酒吧里众人一片尖叫，纷纷往门口挤去，乱作了一团。

原来刚才杨略觉得雷添翼是条铮铮的铁汉，心里暗生相助之意，趁庞二虎惊魂未定，就悄悄走到酒吧一旁，找到了总开关，就在庞二虎要开枪的当儿，拉下了开关，又趁着黑暗和混乱，他纵身过去，使劲力气，把雷添翼拖了出来。二人跑出酒吧，逃进山林里去。

次日，杨略醒转来，手脚一动，一片沙沙声。一抬头，只见身边一片金黄，全是银杏叶子。头顶是银杏的枝干，疏朗简洁，映在蓝天里，如书法的妙笔。他想起了昨夜的事情。往旁边一看，那条黑汉子就四仰八叉地躺在一旁，想来他奔忙了数日，加上身负重伤，正需要深沉的睡眠。

杨略起来，找了个池塘，捧水洗了脸，觉得腹中饥饿，往周围转了一圈，发现有不少柿子树，就爬上去采了一些，用衣服兜着回来。正巧雷添翼也悠悠苏醒，见了杨略，就道了谢。

杨略分了些柿子给他，问道："看你这么一条硬汉，昨天那三个人也不是你对手，怎么就想死了？"

雷添翼叹息一声："我是个罪人，早死晚死，还不是一样？"

杨略奇怪了："你怎么就有罪了。"

"说来话长……"雷添翼看了他一眼，沉默了一会儿，"不过，你到底救了我一命。你既然问了，那告诉你也是应该的。"

杨略满心好奇。雷添翼的壮健、落魄，控制别人大脑的神奇能力，以及那几个追杀他的恶汉，都藏着许多秘密。

雷添翼一脸肃穆，看着蓝色的高空。

"我是墨家第八十代巨子[①]。"

"墨家巨子？"

"不错，墨家为祖师墨翟所建，一生提倡兼爱非攻，曾制止了楚国攻打

---

① 墨家：战国时哲学派别之一，创始人为墨翟。墨家是一个纪律严明的学术团体，其首领称"巨子"，其成员到各国为官必须推行墨家主张，所得俸禄亦须向团体奉献。主张人与人平等相爱，反对侵略战争，同时也相信鬼神存在。

宋国，这些典故想必你也知道。墨家与儒家、法家不同之处，在于我们有个严格的组织，领导者为巨子，其他人唯巨子马首是瞻，赴汤蹈火，死不旋踵。秦朝之后，墨家逐渐衰败，不能闻达于庙堂，只能混迹于江湖，平常自食其力，遇事行侠仗义。但我们的组织一直都在，由历代巨子带领，铲除暴政，惩恶扬善，做了些轰轰烈烈的大事。远的不说，就说孙中山发动的历次革命，也有很多墨家子弟参与。只是墨家向来为当政者不容，所以一直默默无闻，在别人眼里，或许只是个江湖帮派而已。”

杨略连连点头。中国长远的侠文化，正是源于墨家。

雷添翼说：“我们墨家还有个本事，就是长于机械制造。祖师墨翟便是巧匠，到了我们这一代，更是能人辈出，新式兵器层出不穷。我上一任巨子，也是我的恩师，名为徐去恶，曾钻研脑科学，发明了一件惊天动地的武器——脑电波干扰器，可杀人于千里之外。”

杨略叫道：“昨晚你对付庞二虎，就是用了这个干扰器？”

雷添翼说：“不错，我的大脑中，就移植了一枚极小的干扰器，可以由意念控制，干扰身边人的脑电波。而恩师发明的仪器，功能比这强上千倍万倍，干扰信号可以覆盖全球！”

“好凶悍的武器！”杨略有些咋舌，但转念一想，却又释然：“有了这件武器，你们墨家行侠仗义，惩恶扬善，那就容易得很了。”

雷添翼干笑了一声，说：“起初我们也这样认为，一个个喜出望外，认为从此以后，墨家子弟可以横行天下，杀尽不义之人，以此匡扶正义，荡涤乾坤，让人间再无罪孽。”

“替天行道！”

“不错，我当时就想，既然天道不彰，恶人当道，我辈自当挺身而出，替天行道！恩师与众弟子也加紧了研究，制作了配套的设施，包括脑电波搜索器、信号放大器。每个人的脑电波都不同，而且一旦作恶，电波强度会顿时骤增。我们通过卫星定位，可以迅速找到此人，视情况予以惩处。重则当场毙命，轻则麻痹一刻。”

雷添翼说得兴奋起来。

“有一场劫机事件，我们得到信号，立刻歼灭了劫机者，但飞机速度太快，操纵者虽已毙命，但飞机靠着惯性，还是撞毁了几座建筑。聊以自慰的是，飞机上的乘客得以保全。恩师得了鼓励，制作了不少小型干扰器，要交给得力的弟子。可没想到的是，忽然有一天，恩师毁去所有机器，连程序也一并删除，而后自杀身亡。”

杨略惊问："这是为什么？"

雷添翼摇摇头。

"当时谁也不知道。恩师在遗书中说，他打开了潘多拉的魔盒，罪过不下于核弹发明者。我们非常疑惑。幸好我的大脑中已装了一枚小型干扰器，没有被毁去，继任了巨子之位后，多年来行走江湖，也除去了不少穷凶极恶之徒。"

而后，他慢慢地说了一些名字，杨略都听说过，这些人恶有恶报，真是大快人心。他胸中一阵豪气，拍手说："痛快！痛快！雷兄，就凭你这番作为，我真想与你痛饮一番，一醉方休！"

雷添翼听到他真诚的赞美，脸上浮现出一丝得意之色："贪官作恶，百姓寄希望于清官。恶人霸道，百姓寄希望于侠客。"

"能有侠客挺身而出，那已经是莫大的幸运了。只可惜你恩师把仪器都毁掉了。"

"直到发生了一些事情，我才知道他的良苦用心。"

"什么事？"

雷添翼忽然浑身一凛，似乎炎夏时分，忽然掉进了冰窖之中，浑身不住颤抖。脑门似乎被撞开，纷繁的图像硬闯进来，像许多列火车奔驰而过，每个窗口都闪烁着亮光，耳朵里听见嘶鸣声、尖叫声、雷声，似乎凝聚了全世界的声音，一起往他的耳朵里灌，让他头疼欲裂，不由大叫着捂住了耳朵。

杨略看他表情骤变，以为他伤痛发作，急忙问道："你怎么了？"

雷添翼似乎换了个人，双目圆瞪，须发也似乎张开，像一头暴怒的雄狮。他嚷道："彦明……是死有余辜！是他害死了嫣然！尽管他没有动手，但天天折磨她，把她逼上了绝路，她这才……这才从楼上跳下去。这一切我都知道。"雷添翼说到这里，忽然用粗糙的大手掩住脸面，似乎眼前就是坠楼后血肉模糊的样子。

杨略从这些言语中，大概猜测出，这嫣然、彦明显然是墨家弟子，与他有些暧昧的三角关系，不料酿成了惨剧。

雷添翼于混混沌沌中，再无半点遮掩。他举手向天，泪流满面，对着空气喊道："彦明，你从我手里抢走了嫣然，这我不怪你！只怪自己没本事。嫣然爱的是你。可你为什么总怀疑嫣然和我？即使你怀疑，为什么不来找我？我可以澄清事实真相的呀。可你就是不相信她，一次又一次地羞辱她，甚至当众骂她……"他的语气开始恶毒起来，声音像闷雷一般碾动，"所以，彦明，你是罪有应得！你别怪我！我是替天行道！哈哈哈，替天行道！"

"然后你，杀了他？"

"我控制了他的大脑，让他开车时掉下悬崖，神不知，鬼不觉，谁都以为是意外。我一开始还得意，若无其事地去参加他的葬礼，看看自己的杰作。可在那儿我看到了什么？他的父母痛不欲生，一个劲念叨着他的孝顺，弟子们也哀悼不已。我忽然明白，每个人都有很多角色，彦明虽是个坏男人，但却是个好儿子、好兄弟。我可以名正言顺地杀一个坏男人，但怎么可以杀一个好儿子呢？我难道没有犯罪？其实，我只是滥用了手中的权力！

"此后墨家弟子对我表面上依然敬如神灵，但背地里颇多怀疑。但我们墨家的规矩，就是绝对服从巨子，所以表面上看来风平浪静。不过我的位置，毕竟不太稳当了。为了掩藏真相，我派出许多心腹弟子，时刻监视着那些可疑的弟子，并陆续找了些借口，将其中几个逐了出去。但他们到了外面兴风作浪，散布各种言论。我一怒之下，追踪过去，一一予以杀害。这样一来，我越陷越深。弟子中怀疑者反而更多，为了压制疑惑，我只好更严密地监视他们。直到有一天，我感到无比的孤独，觉得一切都那么无意义。我心灰意冷，不辞而别，混迹于江湖。也不知怎么的，忽然有人知道了我的消息，就一路追踪，要来夺取干扰器。我不想伤他们，所以一路潜逃，谁想昨晚还是被他们追上了。我一想，反正了无生趣，不如就此做个了结……"

杨略听到这里，很有些惊心动魄，一时说不出话。只觉眼前人大善大恶，不知该怎样评判才好。

雷添翼又长叹一声，说："我现在终于知道，恩师为什么说他打开了潘多拉之盒。其实这盒子，便是权力。一旦拥有不受约束的权力，即使品德再高尚，也难免诱惑，要铲除异己，压制言论，掩盖罪过，慢慢地变成自己原先最厌恶的人。"

杨略觉得此话非常深刻，想到了许多独裁者，年轻时也是革命斗士，慷慨激昂，以天下自由为己任，可一旦身居高位，大权独揽，渐渐就站到了人民的对立面。

五、民主的日渐完善

杨略正在思考，眼前景象忽然变了，树林迅速退去，高大建筑从平地上拔地而起，其中最醒目的，分明是巴特农神庙，但不是他熟悉的灰白废墟，一切完整鲜艳，屋顶镶满金箔，三角墙上的浮雕色彩明丽。从廊柱中往里面看去，当中立着一尊巨大的雅典娜雕像，黄金的甲胄和衣服，象牙的皮肤。金盔上是半狮半鹫的怪兽，盾牌里面盘着一条巨蛇，都涂着耀眼的色彩。

神庙外面的空地上，许多男子围在一起，都蓄着长发长须，穿着长及膝盖的袍子，却把右肩露出来。神庙的台阶上，站着一位器宇轩昂的中年人，正在发表演讲。

杨略的肩膀被拍了一下，不用说，又是他爸爸出现了。不过，爸爸也穿着一件与旁人无异的黄衫，颇有些滑稽。再看自己，穿的是白色衫子，款式大抵相仿，心里大感有趣。

爸爸在他耳边说："刚才你遇见了墨家巨子，知道权力不受限制的恐怖。怎么限制？自律当然是一个办法，但并不可靠，可靠的是民主：让民众一起决策，对当权者进行监督，这已成为国际的共识。现在我们来到的是民主的摇篮——雅典，那位演讲者就是伯利克里[①]，希腊最英明的领袖。我们先来听他怎么说。"

伯利克里说得很激动："我们的政体确可以称为民主政体，因为行政权

① 伯利克里（约前495—前429）：古希腊奴隶主民主政治的杰出代表者，古代最著名的政治家之一。在他的领导下，雅典的奴隶制经济、民主政治、海上霸权和古典文化臻于极盛。

不是掌在少数人手里，而是握在多数人手中。法律对所有人一视同仁，一个公民只要有长处，他就会受到提拔，担任公职。雅典公民不会因为照顾家务，而忽视了国家，甚至连商人也有鲜明的政治观念。如果一个人从不关心公众事务，那我们不会将他视为无害之人，但会视为无用之人。所以，如果说我们当中没有几个是政策制定者，但所有人都是明智的政策判断者。总之，我要说的是，雅典是全希腊的学校！”

他每说一句，人群便欢呼一声，人人都感到无比骄傲。

爸爸在一旁补充说：“伯利克里虽然出身贵族，却是个热心的民主主义者。他将权力转移到公民大会手中。公民大会是最高权力机构，全体公民均可参加，每年召开40次会议，选举执政长官等各类官职，解决政策、财政、军事、外交等问题。此外，他还建立了民众法庭，陪审员由抽签决定，所有公民均可参加。所有的决策、审判，只要大多数人通过，即为合法，可以施行。”

杨略赞叹不已。直到今日，在很多国家，官员任命基本是上级任命，于是容易造成官员只对上级负责。有了权力，先做政绩工程，再美化市容，至于教育、医疗等民生大事，自然排在后头。反过来，民众对于国家大事，除非涉及切身利益，否则也是漠不关心。

这时，他听见旁边两人正在窃窃私语。侧脸一看，只见一胖一瘦。胖子满面红光，像一段香肠。瘦子獐头鼠目，留几茎胡须，一脸玩世不恭。

只听胖子问道：“老兄，你觉得像我这样的人，不过是个卖香肠的，能当伯利克里那样的大人物吗？”

瘦子答：“那是世上最容易的事。你已具备一切应有的条件：卑贱的出身，受过在市场上自卖自夸的锻炼，变得蛮横无理。”

胖子有些不好意思：“我想我还不够格。”

瘦子说：“不够格？看来你的缺点很明显，就是有一颗太好的良心。你父亲是一位绅士吗？”

胖子说：“老天爷作证，绝对不是。全家老小都是无赖！”

瘦子说：“幸运儿！你要当官的话，已有了一个多么好的开端！”

胖子说：“可我几乎不识字。”

瘦子说："怕就怕你什么都知道。要做人民领袖，绝对不能有学问，不能诚实，那些无知而卑鄙的人最适合。老兄，你可千万不要错过这个绝好的机会！"①

杨略在一旁听得目瞪口呆，自己心目中神圣的民主，在他们口中，居然如此不堪。

爸爸说："雅典的直接民主，虽然主权在民，但有个致命的缺点，那就是多数决定，压制少数。这听起来很合理，少数服从多数嘛。但民众并非总是理性的，经常会被一些野心家煽动，发起非正义的运动，或是对少数人进行迫害。"

"这让我想到了希特勒，他煽动了德国人对犹太人的仇恨，妄想对其进行种族灭绝。"

"不错，在雅典，这样的事情也曾发生，被称为'大多数的暴政'。而雅典民主最大的污点，就是他们处决了苏格拉底。"

"能和我谈谈具体的经过吗？"

"苏格拉底一辈子追求真理，让许多人嫉恨。他在70岁时，被指控了三项罪名：不敬城邦之神，传播异端宗教，腐蚀雅典青年。罪名如此重大，非判死刑不可。于是在广场法庭上，他接受了500名陪审员的审判。你知道，这些审判员就是普通的希腊公民，也许是木匠，也许是蜡烛商，缺乏必要的法律知识，或许还夹杂着私人的恩怨或偏见，但他们依然拥有最高的权力，可以用举手表决，来左右被告是否有罪。"

"这太不合理了。"

"确实如此。苏格拉底就曾经说过：'用抓阄的方式选举国家领导人是非常愚蠢的，没有人愿意用抓阄来雇佣一个舵手、建筑师，而选错领导人的灾难，远远胜过选错舵手。'其实法庭上的最高决定人，也不能是抓阄决定的陪审员。"

"陪审员不能理解苏格拉底的话，就处死了他，对吗？"

"差不多就是这样。审判公诉人将苏格拉底说成怪诞的恶人，苏格拉底

---

①以上对话见于阿里斯托芬《骑士》一剧，一位将军劝一个卖香肠的人去夺取民主领袖克里昂的职位，嘲讽了民主制度。为了增加小说兴味，作者将两人的对话安插于此。

对指控进行申辩，说自己敬神，爱年轻人，只是通过从事哲学，希望大家少一些实际利益，多一点精神与道德的追求。所以他不会放弃哲学。最后500名陪审员经过简短的讨论后，220人决定他无罪，280人认为他有罪。苏格拉底接受了死刑，在一所牢狱里，在学生和朋友的陪伴中，喝下了一杯毒药。”

“这个场景，我在大卫的名画《苏格拉底之死》中见过。”

“时至今日，还有许多人以这件事情为例，谴责民主政体的罪恶。”

“这样看来，民主确实也有缺点。”

“正是这些缺点，雅典城邦崩溃了，民主被专制取代了千年之久，终于在欧洲浴火重生，出现了新的民主形式，我们称之为‘代议制民主’，也叫间接民主。与此相对，雅典民主又被称为直接民主。”

“代议制民主是怎样的？”

“全体人民定期选出代表，行使最后的控制权。它要求国家领导人要经过公开、平等、自由、竞争的合法途径选举产生；要求统治者制定的法律和政策必须通过多数人的同意，并符合多数人的利益；要求公民依法拥有充分自由，并有权广泛参与社会和公共事务。”

“可是，希特勒也是被民主选举上来的呀？”

“你说得很对。二战以后，人们对民主进行了深刻的反思。虽然民主是产生政府的好方式，但也不能恣意放任民主。必须对于政府的权力进行限制，以法律来限权，于是创造了‘法治政府’的制度。以宪法为准则，来审查政府的法令政策是否合法，并以法院承担宪法守卫者的角色。”

“法治？这很新吗？我看电视剧的时候，也总听说大明律、大清律，可见法治是由来已久的。”

爸爸笑了。

“虽然封建君王统治天下时，也有其成文法，但这些法律，只是出自君王，就算不合理，臣民也不能违背。所以虽有法律，其本质依然是人治。而法治则不然，其法律是在多元价值的冲突、多方利益的博弈中进行平衡，在公开、公平、公正的程序中最终形成，符合公共意志。”

“原来如此。”

“略略，我问你一个问题。某一个小区面临拆迁，但一些居民不愿意，严重影响了工期。拆迁工作人员让大家投票决定。结果多数同意拆迁。于是推土机将整个小区推倒了。你觉得，这个过程合理吗？”

“好像挺合理，少数服从多数，符合民主决议啊。”

“可你想想看，如果你是房主，房子是你的财产，别人可以不经你的同意，就强行拆除吗？”

“可是，大多数人同意了呀？”

“那我说得极端一点，大多数人同意杀死你，你就应该死吗？”

“那怎么可能！”

“可是生命权、财产权一样，都是人的神圣权利，不可以被侵害的。就算贫民的房子，也是风能进，雨能进，国王的人马不能进。如果财产权不受保护，银行账户可以随便被人领取，房子可以随便被人推倒，那人的尊严何在？略略，你有没有想过这个问题：人类社会发展的目的是什么？”

“这个问题太大了。为了经济繁荣，政治文明，还有……。”

“这些都对，但其终极的目的，是为了让人生活得更好。”

“人是最终的目的。”

“但可笑的是，人类文明发展到现在，侵害人类利益的事情却屡屡发生，大到种族屠杀，小到强制拆迁。还有对生态环境的破坏，影响了每个人的生存权利。现代民主还需要保障人权。否则，发展毫无意义。”

“人权，包括哪些？”

“二战后，为了防止暴政，民主国家建立违宪审查制度，用少数智者的理性，防止多数人的暴政。同时联合国制定国际人权宪章，保障每个人的基本人权，包括生命权、人格尊严、言论自由、财产权、法律面前的平等、受教育权，等等。关于这个，你可以读读《世界人权宣言》。”

“如果苏格拉底生活在这个时代，他可以自由自在地发表言论，而不会担心被愚民所杀害。”

爸爸的脸上露出庄严的表情，深情地说：“人类现代政治制度文明的重大发展，是在民主的基础上，建立以宪法为核心的法治。有了民主和法治，使每个人的生命、财产和自由都得以保障，国家才能实现健康、稳定、可持续的发展。”

杨略连连点头，爸爸的脸上满是慈爱。

“略略，我们这堂课又结束了。做一个小小的总结吧，一个健康的社会里，需要竞争与合作。为了保证竞争的有序，我们需要公平正义。为了实现公平正义，我们需要民主法治。这都是现代人必备的价值观。但仅仅这些，就够了吗？”

杨略想了一会儿。

“我觉得这些价值观非常实用。不过，在这样的社会里生活，就像住在一间只有柱子、墙壁，但没有家具，更没有亲人的房子里。”

爸爸笑出声来。

“你的比喻很生动，我们接下来就要讲爱，讲美，把这个冷清的房间装点起来。走，我们先去看一场话剧。”

第七课

爱是抗挫力的重要源头

一、是什么让现代人变得疏远

杨略走进剧场时，台上已演了一会儿了。舞台布置很简单，四周是沉重的黑暗，一束追光照亮两张安乐椅，一对男女相对而坐，并不说话，偶尔目光相触，就腼腆地笑笑，再看看手表，向四处张望一番，像是在各自等人。

可是他们等的人并没有出现。男子有些无聊，就打破了沉默，不过语气平淡干涩，也并不在意回答。

“请原谅，夫人，如果我没弄错的话，我好像在什么地方见过您。”

女子有礼貌地回应：“我也是，先生，好像在什么地方见过您。”

“夫人，我会不会在曼彻斯特碰巧见到过您？”

“这很可能。我就是曼彻斯特人！可我记不很清楚，先生，我不敢说是不是在那里见到您的。”

“我的天！这太奇怪了！我也是曼彻斯特人，夫人！”

“这太奇怪了！”

两个人的眼睛里都闪现出一点兴奋的光亮。

“这太奇怪了！不过，我，夫人，我离开曼彻斯特差不多有五个星期了。”

“多巧啊！我也是。”

“夫人，我乘早上八点半的火车，五点差一刻到伦敦的。”

“这太奇怪了！我乘的也是这趟车！先生！”

“我的天，这太奇怪了！说不定，夫人，我是在火车上见到您的？”

“这很可能，真没准儿，非常可能，总而言之，没法说不！……可是，先生，我一点儿也记不起来了！”

他们不停地往下说，共同点越来越多。他们都在二等车，都在八号车厢六号房间。甚至，他们就坐在对面。两个人连珠炮一般地对话，脸上充满红光，身子都往前倾，惊叹于了不起的缘分。

男子说：“这太奇怪了，这太怪了，多巧啊！嗯，哦，哦，夫人，我们或许就是那时候认识的吧？”

“这太奇怪了，真巧！亲爱的先生，这很可能！不过，我觉得我还是记不起来了。”

“夫人，我也记不起来了。”

两个人同时陷入沉默，眼睛都看着天空，像是在拼命地回忆，但脸上依旧满是困惑。记忆，居然被清除得干干净净。这时，钟声猛然敲响，当！当！静默了一会儿，忽然又当了一声。两个人从思绪中惊醒来，互相一笑，又将对话进行了下去。共同点在继续增加。他们在伦敦的这几天，同住一条街，同一个公寓，同一层楼，同一个房间。

男子若有所思：“这太奇怪了，这太奇怪了，这太奇怪了。多巧啊！您知道，我卧室里有张床。床上盖着一条绿色的鸭绒被。亲爱的夫人，我这房间，这床呀，绿色的鸭绒被呀，在走廊尽里头，在卫生间和书房中间！”

“太巧了，啊，我的天哪！巧极了！我的卧室也有张床，也是盖的一条绿色鸭绒被，也在走廊尽里头，亲爱的先生，也在卫生间和书房中间呀！”

“这太古怪，太奇怪，太妙了！哦，夫人，我们住在同一间房里，睡在同一张床上，亲爱的夫人。也许就是在那儿我们遇上了？”

“很有可能，说不定就在昨天夜里。可我记不起来了。”

“我有个小女儿，亲爱的夫人，我那小女儿同我住在一起。她两岁，金黄头发。她一只白眼珠，一只红眼珠，她很漂亮，亲爱的夫人，她叫爱丽丝。”

“多稀奇的巧合啊！我也有个小女儿，两岁，一只白眼珠，一只红眼珠，她很漂亮，也叫爱丽丝。亲爱的先生！”

“这太奇怪了，太巧了，真怪！亲爱的夫人，说不定我们讲的就是同一个女孩啊！”

“这太奇怪了，亲爱的先生，这很可能。”

两个人又陷入长时间的沉默。刚才兴奋的脸红，此时慢慢消退。他们身体往后仰，各自靠在椅背上，表情又变得僵硬、冷漠。钟声又敲响了，一直敲下去，当，当，当，足足敲了二三十下。

男子思考多时，缓缓站起，不慌不忙地向女子走去。他庄严的神态使女子大为吃惊，她也缓缓站了起来。

“我，亲爱的夫人，我看我们肯定已经见过面了，您就是我妻子……伊丽莎白，我又找到您了！”

女子冷漠地打量着男子，缓缓地说：“道纳尔，是你呀，宝贝儿！”

他们伸出手臂，相互拥抱，脸上毫无表情。这时，钟很响地敲了一下，响得把杨略吓了一大跳[①]。

大幕拉上了，剧场里出现了完全的黑暗。

二、你认识你的邻居吗？

爸爸就坐在杨略旁边。

“感觉怎么样？”

“太荒诞了。”

“对，尤涅斯库的《秃头歌女》，本来就以荒诞见长。”

“秃头歌女？是这部话剧的名字吗？为什么取这个名字？”

“名字毫无根据，整部话剧中没有出现歌女，也没有秃头，就是一群人不停地对话，琐碎，无聊。夫妻朝夕相处，本来最亲近不过，但他们却互不相识。尤涅斯库就想用这种极端的手法，说明人与人之间的冷漠已经到了何等的地步！”

杨略却想到了葛怡。他们从初中相识到如今，心心相印，经常一眨眼，一努嘴，就能明白彼此的心思。默契到这种程度，想起来就甜蜜。这样的情感，怎么可能有朝一日会形同陌路？所以，话剧中的夫妻荒诞之极，纵然让人捧腹，但由此而得出结论，说人与人之间都冷漠，那就有以偏概全之嫌。

爸爸见他不回答，心里也明白。年轻人满腔热情，怎么能明白现实的喧嚣与无聊。

“话剧确实夸张了些。不过，略略，你知道我们的对门住着谁吗？”

他们家三年前搬了新家，住进了一处高层公寓，站在阳台上，能看得见江景。爸爸说每天看着江涛浩渺，潮起潮落，能让人心胸开阔。杨略的确也很喜欢。在家时，乐意在阳台上支一张躺椅，斜靠着看书，喝茶，日

① 以上内容改编自《秃头歌女》（尤涅斯库著，高行健译）第三场。

子恬静而悠游。不过，至于对门住着谁，他的确印象不深。

“好像是一对中年夫妇，年纪和你差不多，我在电梯里见过。经常有人来送水果，出门有司机来接送，估计是当官的吧。”

“他们姓什么？”

“不知道。”

“他们的爱好呢？”

“不知道。”

“走在大街上，你能认出他们吗？”

“大概能吧。”

“那你能说出那位先生的五个特征吗？”

“好像中等个子，总是穿西装，很严肃，还有……头发梳得很整齐。”

“要是登寻人启事，这样大众化的描述，能找到人吗？”

杨略开始在脑海中寻觅这个人的样子，但仅有一个轮廓，面容模糊一片，像水波中的倒影。过了一会儿，他放弃了努力，摇了摇头。

“其他的，我想不出来了。”

爸爸说：“可是，我们已经这样住了三年了。”

“时间是不短了，不过我上学太忙了……”

“那周末呢，寒暑假呢，你不都在家吗？”

“他们家铁门紧锁，我又不会去串门。”

“这就是关键所在。”

“嗯？”

“略略，你再想一下奶奶家的那些邻居。三婶、庆有、老白，这些人你记得吗？”

爸爸每说一个名字，杨略的脑海中就清晰地浮现出他的形象。三婶矮小纤细，瘦巴巴的脸上满是褶子，三角眼，小眼珠子满是算计。嘴向前突出，像鸟喙，声音很尖厉。她在村前说话，村尾都能听见；庆有呢，倒一直笑呵呵的，只是年纪一长，驼了背，嘴边都是胡茬子，喜欢逗小孩玩，手里总有些糕点糖果，玩得亲近了，就用胡子去扎细嫩的小脸；老白去世多年，不过那副魁伟的身板，不苟言笑的样子，还有满肚子的故事，杨略历历在目。

“我都记得。”

“可你也只有暑假去奶奶家，每次不过一个星期。”

“那可不一样，在那里家家户户都不关门，随便就可以跑进跑出，在这家吃中饭，到那家吃水果。虽然待的时间少，但交流的机会多，当然熟悉得很。”

“而且愉快得很，是不是？”

杨略想到每次回老家，众人在院子里围坐，说些乡村里的趣闻，偶尔也论论国是，每个人都是笑呵呵的，到深夜方才散去，各自身心安宁地恬然而睡。

爸爸说：“中国的迅速城市化，高楼取代了平房和四合院，许多人离开农村走进城市，原来的熟人圈子忽然被打散了。住在一个新建的小区，满眼都是陌生人，自然会有些警惕，不敢轻易交流，只好关上门，彼此日渐疏远，长此以往，人的精神容易变得孤独，而且对别人缺乏信任。”

“可我并不感到孤独。”

“你年轻，有很多同学，白天一起上课，一起打球，晚上一起开卧谈会，热热闹闹，嘻嘻哈哈，当然不会孤独。可是，当你们毕业了，工作了，整天忙于生计，大家见面机会越来越少。而且，因为每个人都走着自己的路，随着时间的推移，分叉越来越大，见面也没了共同话题。到了那个时候，孤独感就如影随形，挥之不去了。”

“至少还有家里人啊。”

“对，家庭的温馨确实会抚慰人心。但这还不够，人是群居动物，渴望与人交往，以逃避孤独的侵袭。因为人和人之间的关系，恰如空气和空气、水和水一样，总是紧密相连，无法分割。”

听爸爸说得玄乎，杨略又有些不可思议了。

“我和对门家的叔叔，会有什么紧密联系？”

“当然有。比如我们小区车位紧张，也许有一天他回来得早，把车位占了，而我只能把车停在小区外面，或许就被路人骑车刮破了。车子送去维修，我有一两天不能用车，因为交通不便，也许就会耽误了工作，错过几个大单子。也许我坐公交车上班，下车时刚好路过彩票点，和影片里的妇女一样，偶发兴致，买了几张彩票，不料就中了大奖。这两种不同的结果，原因却是对门的叔叔早回来了几分钟。你说神奇不神奇？”

杨略若有所思：“你这么一说，我倒想起了高一时的那场车祸。”

那一次，他考完试，打了会儿篮球，骑车冲出学校，在书报亭逗留了一会儿，骑到一个街口时，忽然看见一辆红色小车从左侧驶来，他有些托大，觉得自己的车速很快，有把握在车子到来之前越过马路，于是用力蹬了几脚。

不料那车上的司机是新手，看到有自行车蹿出，一时慌了手脚，错把油门当刹车，将杨略撞翻在地。杨略当即失去知觉，醒来之后，腿上绑了绷带，脑子昏昏沉沉，他顿时心灰意冷，觉得人生失去意义：再多的努力，一场车祸，足以删改所有荣耀。爸爸看他绝望，就给他讲了人生意义何在，这才有了九堂人生规划课，让他受益匪浅。

只可惜了那司机，一个年轻的女孩，做平面设计的，本来就失业多时，欠债累累，好不容易有了个招标的机会，借车赶去现场，因为一场车祸全然落空。修车费、医疗费，还有伤者父母的谴责，都成了压倒骆驼的最后一根稻草，她在懊丧之中，居然从楼上一跃而下。

杨略时常回想那一次的经历，觉得当中充满了偶然。如果说，他考完试没有被好友拉着打球，或是没在书报亭逗留，或是自己的车速慢一些，反正众多因素只要有一项改变，一切都会不同。

但是，两个人的命运由于那么多的偶然，悄悄地连在了一起。

爸爸明白他的心思。

“略略，谁敢保证一次无心的散步，不会影响另一个人的生命轨迹呢？人和人之间，有如此神秘而复杂的联系，那我们为什么不给别人更多正面的影响呢？”

“那应该怎么做？”

“嘘，”爸爸神秘地说，“我们来看一段影片。”

三、冉阿让冻僵的心因爱而复活[①]

屏幕上出现了一个房间，一个神父模样的老人坐在烛光下写字。一位老妇人正往餐桌上摆餐具。

门被敲了一下，房间里的老妇女走过去，还来不及去开，只听哐啷一声，门就被撞开了。一阵寒风席卷而入，带着尖厉的呼啸声。门框之间，立着了一条黑塔般的大汉。他是如此魁梧，几乎把门框塞满了。

老妇女被吓得目瞪口呆，抖抖索索地往后退去。

那汉子向前踏上一步，停下来，让门在他背后敞着，寒意灌入房间，连黑暗都加重了，因为蜡烛被吹得晃动。在微暗的灯光照射下，大汉的形象影影绰绰地显现了。他的肩上扛着个布袋，手里提一根木棍，破旧的衣衫上满是灰尘，在风中飘动。加上他满脸的胡子，毛茸茸的胸膛，眼睛里满是粗鲁、放肆、困惫和强暴的光芒，那样子简直是恶魔的化身。

神父站起来，看着汉子，有些惊讶，但并不害怕，目光平静自若。

毕竟是熟读名著的好学生，杨略看到这里，已经认出这是《悲惨世界》的场景，于是前因后果全部了然。

这位神父是卞福汝主教，是雨果心目中博爱的圣人。那位大汉是冉阿让，只因为偷过一个面包，就被扔进监狱，服五年苦役。他想要逃脱，但每次都被抓回，加重了刑期，最后一共在监牢里过了十九年。现在刚刚出狱，要赶去第戎，否则就要判刑。他走到这里已经天黑，想在客店投宿，只因为他是苦役犯，所以被赶了出来。他想过去监狱住一宿，可是狱卒也不肯开门。没有办法，他钻进一个狗窝，却被狗撵了出来。

他走投无路，只好来到郊外，可惜夜黑风高，星月全无，天气偏又冷得出奇，他怕被雨淋湿，只好又回到城里，躺在石板上。直到一个婆婆指点他："您去敲敲那扇门。"

冉阿让早已心灰意冷，心里并不抱希望。只是感激于老婆婆的指点，

① 以下改编自雨果著《悲惨世界》第一部第二卷。

于是象征性地敲了下门，然后一把将门推开了。多年的磨难，他已不懂得什么礼貌。况且，他觉得这个世界本来已亏欠他太多，如今好不容易出狱，等待他的生活，却还不如在监牢里，毕竟在监牢里有东西吃，有地方睡觉。

“上帝为什么要这样对我！”

他内心里怒火焚烧，任何出现在他面前的人，都将是他发泄的对象。

主教平静地问道：“先生，您是？”

听到“先生”二字，冉阿让觉得是极大的嘲讽。他鼻子里哼了一声，双手拄着棍子，眼睛四处一扫，而后大声地说：“我叫冉阿让。我不是什么先生，而是个苦役犯。这是什么地方？是客店吗？我有钱，我有积蓄。一百零九个法郎十五个苏，我在监牢里用十九年的工夫做工赚来的。可以付账。我困极了，走了十二法里，我饿得很。您肯让我歇下吗？”

他心里是知道的，既然刚才的客店、监狱、农家，甚至狗窝都不肯容纳他，到这里来也是徒劳的。但他不管后果如何，就是想要通过言语，将怒火喷射出来，免得淤积于心，将自己的心肝脾胃都焚烧了。

“马格洛大娘，”主教说，“加一副刀叉。”

那人以为自己听错了。

“您听见了没有？我是一个苦役犯。我是刚从牢里出来的。大家都把我撵出来，您肯收留我吗？”

“马格洛大娘，”主教说，“您在壁厢里的床上铺上一条白床单。”

那位老妇人把晚餐准备好了，一盆用白开水、植物油、面包和盐做的汤，还有一点咸肉、一块羊肉、无花果、新鲜乳酪和一大块黑麦面包，旁边放着一瓶陈年好酒。银质闪亮的刀叉汤匙摆在旁边。两个银烛台点好放在桌上。房间里温暖、洁净，又散发出诱人的饭菜香。

冉阿让深深地吸了口气，仿佛置身梦境之中。不，这样的生活，甚至连梦境中也没有出现过。如果有天堂，就应该是这样吧。

“先生，请坐吧，”主教说，“我们先吃晚饭，您吃着的时候，您的床也就会预备好的。”

到这时，冉阿让完全懂了。他的那副一向阴沉严肃的面孔显出惊讶、疑惑和欢乐，变得很奇特，他好像一个疯子，坐下来，拿起叉子和茶匙。

他太饿了，大口吞咽着面包和汤水，然后才想起来，主教就在他对面，笑吟吟地看着他。

他由衷地感激说："先生，您真好。您没有瞧不起我。您让我住在您的家里，您为我点起蜡烛。我并没有瞒您我是从什么地方来的，也没有瞒您我是一个苦役犯。"

"先生，您犯了什么错？"老妇人战战兢兢地问。

冉阿让看着她警惕的眼神，有心要吓唬她。

"也许是杀了人。"

老妇人被吓住了。冉阿让心里一阵快意。不能获得爱，那么获得恐惧也不错。但他看了一眼主教慈爱的表情，立刻觉得自责，慢慢地说了实情，仿佛心里轻松了些。

"现在你们知道我是谁了吧？"

老妇人精瘦的脸上，露出怜悯的温情。主教坐在他身旁，轻轻按着他的手。

"先生，您不用向我说您是谁。这并不是我的房子，这是耶稣基督的房子。这扇门并不问走进来的人有没有名字，但是要问他是否有痛苦。既然您有痛苦，您又饿又渴，那您就安心待下吧，这里是您的家。这儿所有的东西都是您的。我为什么要知道您的名字呢？我早就知道您的名字了。"

冉阿让睁圆了眼，有些莫名其妙。

"真的吗？您早已知道我的名字吗？"

"对，"主教回答说，"您叫'我的兄弟'。"

四、懂得贡献的人内心更强大

杨略第一次阅读厚厚的《悲惨世界》时，曾被这个场景深深感动。这次看电影版，内心依然被触动，但是他思考得比以前更多了些。

"略略，"爸爸关了电影，"后面的故事你都知道了吧？"

"知道，"杨略如数家珍，"冉阿让还是憎恨社会，晚上偷走了主教的银器餐具，悄悄溜走，却被警察抓了回来，与主教当面对质。主教出乎意料地说，银器是送给冉阿让的，并说，你忘了拿走银烛台。于是一并将烛台也送给了他，希望他浪子回头。冉阿让醍醐灌顶，被主教感化，从此隐姓埋名，来到海滨小城，成了马德兰先生，办了工厂，做了市长，勤奋克己，救济穷人，经营了一个世外桃源。”

爸爸点点头：“这是雨果的人道主义。他知道人间有种种罪恶，而仁爱是消除罪恶的良药。”

“爸爸，”杨略坚决地摇头，“这显然是幼稚的。只要人人都献出一份爱，世界就变成美好的人间。歌词里一直这样传唱，人人也都明白这个道理，但几千年了，这样的时代可曾到来？可见以德治国，从来都是空话！”

“愤青的腔调，说起来过瘾，但于事无补。”

“幻想的腔调，说起来美好，但同样没用。”

父子二人从未如此针锋相对的争执，因此都是一愣，对视一会儿，继而哈哈大笑。

“略略，你怎么会对仁爱这么有意见？”

“也许是社会中的丑恶现象看得多了。这世上就是有一帮人，为了挣钱，可以丧尽天良，无恶不作。对付他们，能用爱来感化？不！那只能助纣为虐！只有枪子才有用呢！”

“你说得也不无道理，”爸爸慢慢地说，有意让杨略平复情绪，“这就是你所看到的现状。不过你别忘了，无论何时，人类心理的核心都是美好的，积极的，善良的。也正因如此，我们看《感动中国》，看《美丽人生》，看《辛德勒的名单》，心里会有暖意蔓延，会有眼泪夺眶而出。”

“可是……”杨略放弃了辩论，因为他愿意相信人性的美好。

爸爸继续说：“其实人和人之间，有一个‘潜契约’，就是人和人之间，就要互相帮助，才能共同生存。人类能够在这个星球上共存，就是因为这个潜契约。而且，这种互助的精神，人与人之间的仁爱，经过了社会的熏陶，早已融入我们的灵魂，成为一种本能。这就是孟子所说的，人都有恻隐之心。”

潜契约？这个概念杨略从未听过。

“可是，爸爸，自从‘彭宇案’之后，老人在马路上摔跤，别人不敢去扶，生怕被讹上。这种潜契约是不是就被破坏了呢？”

“有很大影响。不过仁爱既然已化入了我们的血液，总会冲破重重层层障碍。因为付出让人幸福，助人让人快乐。略略，你还记得朵朵和你说在贵州支教时的情景吧。”

朵朵是杨略的表姐，比他大一岁，已经上了大学。在假期里，她还没上大学呢，但天性活泼，通过网络，联系上了一支大学生团队，跟随学长学姐们去了贵州山区的一个小学。那里穷山恶水，校舍简陋。学生都很纯朴，一看见他们从远方的城市里来，都非常兴奋。尤其听说朵朵是名校学子，而且长得如此清丽，顿时围住了她，眼神里满是崇拜。

她上的第一课是在晚上，因为是语文课，所以她讲了许多故事，也谈了大城市里的见闻。学生们听得入神，似乎看到了一个别样的世界，远比自己的家乡要开阔。

她慢慢地念着课本上的诗歌，觉得周围的一切，那幽静的月影，青蛙的鸣叫，萤火的飞舞，那些笑逐颜开的孩子，都慢慢渗入心中，变得充盈、安稳，如同一汪清水，几乎要满溢出来。

她觉得无比幸福。

但山区的条件毕竟是辛苦的。因为下了几阵暴雨，学校里断了电。过了五天，连水都断了。他们每天到山下的水井去挑水，来去半个小时。吃饭不成问题，可洗澡就成了问题。因为山洪流泻，小溪里很浑浊，男生还能对付，女生却不愿意，只好打桶井水上下擦洗，总觉身上黏黏答答，不够清爽，甚至有股发霉的味道。颇有些学生想打退堂鼓，但有件事情，却让他们彻底打消了撤退的念头。

那天，雨稍稍停歇了，朵朵去上课，却发现教室的后墙上贴满了图画，上面是歪歪扭扭的毛笔字。

“老师，你们辛苦了。”

“老师，我爱你们。”

“谢谢老师。”

……

她看着那些可爱的脸孔，眼眶一下子就湿润了。教室里响起了持续不断的掌声。她哽咽了，难以言说心中的感动。她发现了自己的价值。

其他同学也都看到了图画。从那以后，再没有人抱怨条件艰苦。

杨略想象着那种场景，眼前就浮现起一些脸蛋，顽皮的、乖巧的，都在微笑，那么真诚可爱，真想伸手去抚摸一下，心里一股暖意。

“爸爸，朵朵和我们说那段经历时，你还说，有意识地付出，会让我们觉得生活更有意义，而心灵也因温柔博大而感觉到幸福。”

“那这些和抗挫力又有什么关系呢？”

“乐于贡献的人，更容易获得别人的认可。所以，他就算遭遇失败，也会得到别人的鼓励，因此，他很容易重新站起来。同时，他们也更愿意向别人求助。”

杨略觉得爸爸的话说得很对。有些生性孤僻的人，比如陈高照，平时没有什么朋友，也不太愿意为班级做事，遇到困难时就闷声不吭，独自消化。如果消化不了，就会变得忧郁，内心陷入泥潭之中。

而平时与人为善的人，就算遇到困难，哭上一场，和朋友们一起唱一支歌，打一场球，就又恢复回来了。

爱别人，是多么重要呀。

第八课

自然的慰藉：抗挫力的终极境界

一、与苏东坡共享清风明月

正说着，眼前的屏幕忽然亮起来，一只雪白的鸽子振翅飞起，直冲霄汉，然后掠过城市的上空。它的翅膀下面，出现了林立的高楼，出现了熙熙攘攘的人群，出现了广袤的原野和森林，出现了曲折明亮的河流，出现了绵延的群山。

然后，出现了一个公园。

父子两个行走在曲折小径之中。场景已是秋天，风清凉地吹拂着树林，路旁几株枫香张灯结彩挂了一树红叶，在风里沙沙作响，不时就有几枚飘落，却并不失意，悠闲地荡一个半圆，又一个半圆，像坐了秋千。还有玉兰、壳斗的叶子，也在黄灿灿地飘落。

前面就是一块草坪，杨略躺了上去，感觉到草茎痒痒地碰着脸颊。

爸爸也躺下了，看着蓝蓝的天空。

“略略，如果你有足够的钱，有足够的选择自由，你愿意住在什么地方？”

杨略开始畅想。住山林里当然好。不过如果能去海边，像马尔代夫那样的地方，那就更棒了。有个面朝大海的房间，拉开蓝色的窗帘，眼前金黄色的沙滩，几座翠绿的山岬伸向蔚蓝色的大海，那里波澜起伏，天光云影共徘徊。房屋旁边，还有高大的棕榈树，或是椰子树，亭亭地伸向天空。

“还有，还有……”他幻想起来就没完没了。

爸爸说：“华盛顿大学动物学家奥瑞恩斯对此问题进行调研，发现大部分人的回答是一样的。在他们的心目中，完美家园是这样的：房子地势较高，旁边是一片清澈的湖泊，或是面迎碧蓝的海洋，有河流、溪水、瀑布，也都不错，总之，要有水的灵动。房子周围，要有一片公园。有开阔的草地，开满灿烂的鲜花。草坪边缘，有高大的树木，树冠宽广，贴近地面，长满细小美丽的叶片。树上有五彩的羽禽，有灵活的松鼠。”

“对啊，我想这是最美的家园。”

“让人惊异的是，完美家园，恰好就是非洲热带大草原的形貌，而非洲正是人类的发源地。这是巧合？显然不是。数百万年的进化史中养成的生存习性，不可能在短短几千年的城镇居住历史中改变。在人的深层意识中，总想着回归自然。”

杨略点点头，闭上眼睛，感受到阳光的温暖。

爸爸继续说：“当我们懂得了和大自然的关系，就能有一种奇特的归属感。当我们受到挫折，走进大自然中，见到花在盛开，草在生长，河流在奔腾，内心就会得到治愈。因为我们感觉到天人合一，于是获得了巨大的力量。”

“爸爸，什么是天人合一？”

“这个说来话就长了，有过太多深奥的解释，我想说得简单一点。略略，就从你小时候种西瓜说起吧。”

眼前忽然一亮，他们已行走在乡间的小路上了。瓦蓝的天空上，盘旋着一只鹰。群山连绵起伏，长满了松树和山毛榉。小路的两侧，都是整齐的水稻和茭白，一片青翠鲜嫩。茭白的叶子很长，伸到路上来，挂满了露珠，擦在他们的衣服上。空气中弥漫了青草和昆虫的气味。小路在山脚下拐了个弯，一些房舍出现在绿树之中。

这就是他们的老家啊。

“好怀念啊！”

杨略一下子就沉入美好的童年回忆了。他念小学时，爸爸妈妈都很忙，一到暑假，就把他交给爷爷奶奶照顾。他在乡下，像是进了乐园，整天和几个小伙伴舞刀弄枪，或者在田间地头玩耍，掏鸟蛋，捉河蟹，游泳，吃西瓜，快乐得像一只叽叽喳喳的小麻雀。

爸爸指向一片西瓜田。

“看看，那是谁？”

啊，已去世多年的爷爷竟站在田里，戴着草帽，弓着背，光着脚，手持锄头正在除草。旁边的那个小孩是谁？红背心，小短裤，从旁边的水沟里拎水，浇在西瓜藤上，做得一丝不苟。

杨略心中一震。这分明是 8 岁时候的自己啊！他一时难以自持，眼眶竟然湿润了。

这时爷爷说话了，依然是那略带沙哑的声音。

“略略，你别老是给一根西瓜浇啊。这都浇了五桶了。”

“这样它就长得快啊，说不定，明天就可以摘西瓜吃了。”啊，脆脆的童音。

爷爷嘿嘿笑了起来，摸着小杨略的脑袋。

“你这样，非得把它淹死不可！”

“西瓜也会淹死吗？”

“当然啦。西瓜有根，根上也有鼻子，也要呼吸啊，你用水把它的鼻子堵上了，还不得憋死啦。”

“啊？”小杨略吃惊地仰起头，在想象西瓜根上的小鼻子。

看着自己小时候如此憨态可掬，杨略不禁笑出声了。爸爸在一旁说：“农民的生活方式，更倾向于自然。春暖花开，万物复苏，爷爷带着你撒下西瓜籽。此后精心侍弄，除草，施肥，浇水。种子慢慢萌芽，在春日暖阳之中伸出瓜藤，长出叶片，开出花朵，结出果实。等到夏天的阳光和雨水注入到西瓜中去，它就快速膨胀，酿出满腹的甘甜。这一切，人的劳动，都是和季节运行相一致的。”

杨略点点头，这是最简单不过的道理。

爸爸继续说：“中国以农业文明为根基，所以发展出的哲学，也充满了农民的思维。儒家认为，人要想生存，必须循天而动，不能逆天而行。而且自然万物相依相存，同属宇宙整体，内外相通，并无物我之分。于是人不仅要爱人类，还要爱万物，帮助天地之化育，就像勤浇水帮助植物生长一样，这样才能屹立于天地之间。”

“所以就有天人合一的理念，对吗？”

“是的。”

“可我们现在是信息时代了。当年的理念，是不是过时了？”

“不对！我们生存的根本，依然是农业。我们最需要的还是粮食。而商业、工业、服务业，只能依附于农业之上。皮之不存，毛将焉附呢？农业时代的规律，在今天依然有效。古人耕作要遵循天时地利。我们这个时代，尽管科技发达，但同样需要遵循自然的规则。”

杨略呆呆地站在那里。

“天人合一，到底是怎样的？”

他怎么也无法领会。因为这太玄奥了。

爸爸却轻松地一笑。

“你看，眼前的场景，这多像一幅画啊。爷爷的形象，和脚下的土地是那么和谐。你在一旁活泼好动，又增添了灵性。你们和庄稼、土壤、飞鸟，甚至山丘、云朵，都和谐地相融着。天人合一，是一种幸福的体验，让人身心俱宁。”

杨略的脚踏在土地上，闭上眼睛，深深地呼吸，要静静感受一番，但爸爸说：“略略，我还要带你去很多地方呢。”

杨略还来不及反对，他们已来到一个小楼阁。推开窗户，往外一看，楼阁位于半山腰上，对面是一座青山，山下一道清流。他看不出什么异样来。爸爸说：“你看看这副对联。”

杨略读出声来：“檐飞宛溪水，窗落敬亭山。是李白的诗。”

“什么感觉？”

“气象忽然大了。”

“就是这样。中国的建筑，不是孤立的风景，而是要通过门窗，接触外面的大自然。我们所在的，虽是小阁楼，但透过窗户，可以仰观宇宙之宏大，可以俯察四时之烂漫。小空间就融入大空间，阁楼就融入了万物，而人呢，也自然地就与宇宙相融了。”

杨略正在欣赏对面敬亭山上的飞鸟，眼前忽然漆黑一片，等他的眼睛适应了光线，却发现自己是在一条船上，头顶一轮明月，月下一条大江，岸上是黑魆魆的连绵的山。

船上另有四人，爸爸又消失了。现在他消失的频率越来越快了。

他正在担心，船上一位胖大汉子手拍船舷，摇头晃脑唱了起来：

桂棹兮兰桨，击空明兮溯流光，
渺渺兮余怀，望美人兮天一方。

唱毕，哈哈大笑。似乎酒到微醺，身心恬然快活。他的面上三绺胡须，穿着长袍，头戴高冠，正在饮酒。旁边一人面容消瘦，却是道士打扮，面前摆了一支洞箫，也在饮酒。其余二人，一为船夫，一为小童。

胖大汉子又举起一杯，说：“道兄，如此良辰美景，怎能少了你的一曲洞箫呢？”

瘦子笑了一笑，放下酒杯，拿起了洞箫。

“子瞻兄，见笑了。”

这两人一说话，让杨略顿时明了。子瞻，不正是苏东坡吗？七月十六仲夏之夜，苏东坡与同乡杨世昌游于赤壁之下，回去就写成了千古名文《前赤壁赋》。看眼前的胖大汉子，神情洒脱，不正是风趣俊逸、天才横溢的苏东坡吗？杨略兴奋得几乎窒息了，这可是他最为崇拜的伟大诗人啊。可是苏东坡似乎看不见他，也听不见他的声音。

哦，现在是全息影像了。

杨略安静地坐下，看苏东坡如何寻觅灵感。

杨世昌开始吹起来，箫声很悲凉，如怨如慕，如泣如诉，像江上吹来的一阵夜风，披着黑色的大氅，无处不至，把水吹皱了，把月影吹抖了，把酒吹凉了，船上诸人的身上都起了寒意。一曲终了，余音袅袅，细若游丝，最后消失于空气之中。杨略不仅感伤起来。这时，雾气起来了，轻烟似的薄纱，笼罩着幽静的江面，江岸和远山被盖了一层网，水光与雾气相接，现出梦境的依稀隐约。

苏东坡显然也为箫声所动，不由发问：“何以箫声如此之悲呢？”

“你还记得在赤壁发生的往事吧？”

“当然记得。一千多年以前，曹操大破荆州，战船顺流而下，帆樯如林，旌旗蔽空。他横槊赋诗之时，何其壮哉！而周瑜羽扇纶巾，谈笑之间，曹操百万大军灰飞烟灭，思之真令人心驰神往！”

杨世昌却摇摇头。

“这些英雄，如今何在？不过一堆黄土罢了。他们尚且如此，更何况我等凡夫呢。今天晚上，你我无拘无束，可以驾一叶扁舟，举杯邀月，享此一时之乐。可惜的是，你我不过是宇宙中的一蚊蝇，沧海中的一砂砾。人生在瞬息之间就将化为虚幻，还不如江流之无尽，时光之无穷呢。”

听他这么一说，杨略仰观夜空，只见宇宙浩茫，星月璀璨，平视大地，只见江水滔滔，漫无边际，也觉得自己无限渺小了。是啊，一辈子成也罢，败也好，最终化为乌有，又能怎样呢？他心里不由悲伤起来。

杨世昌举起酒杯，一饮而尽，苍凉地笑了几声。

“我身为道人，修行炼丹，也有些幻想。想挟飞仙而遨游于太虚之中，想飞到月宫而长生不返。哈哈哈，子瞻兄见笑了。我也深知，这些不过是些梦想，哪有实现之理，所以更觉人生虚幻，身如飘萍，不知不觉间，箫声中就满是悲伤之情了。”

苏东坡安慰朋友说：“宇宙之中，物各有主，把不属于我们的据为己有，又有什么用呢？功名利禄，千秋伟业，如果可以得到，自然倾力而为。但凡事岂能人做主，万一功败垂成，也不打紧。我辈求仁得仁，便已足够。达则兼济天下，穷则独善其身，如此而已。”

“子瞻兄，既然一切都是浮云，那什么才是可贵的？”

苏东坡摇摇晃晃站起来，将双臂张开，似要拥抱这世界。

“只有江上之清风，还有这山间之明月，是供人人享受的。凭我们的生命和血肉之躯，耳朵听到就成为声音，眼睛看到就成为颜色。这些无限的宝贝，取之不尽，用之不竭，一切供人享受，分文不费。人生若能如此，则何处不可乐呢？”

杨世昌欣然欢笑。二人洗净杯盘，继续吃喝。后来，不待收拾桌子，便躺下睡去，不知东方已经露出了曙光。

杨略却静静坐着，看着第一缕阳光穿透云霞，山上升起了淡雾，被染成了桃红、柠檬黄，整个世界都缓缓复苏，披上明亮鲜嫩的色彩。他似乎听到了万物的声响。植物的根在悄悄延伸，蚯蚓在土地里慢慢蠕动。一股山风迎面而来，碰撞着他，又似乎穿越了他。凉风所至，浸润了他的每个细胞。一时之间，他与万物之间，再没有距离之感了。

不知何时，爸爸已坐在小舟之上。苏轼等人倒不见了。

“爸爸，这也跳跃得太快了。”

“因为我想告诉你的，实在太多了。而时间——”

爸爸脸色有些黯淡。

杨略马上领会了他的意思，急忙岔开话题。

“爸爸，谈谈苏东坡吧。”

爸爸的表情放轻松了。

“面对人生困境，仕途黯淡，苏东坡没有消沉，却在自然之中得到安慰，将心灵全然打开，与天地完全没有隔阂。一个人要是能体会到这种统一性，哪里还会有什么痛苦呢？天人合一的妙境，是我们中国可贵的精神资源，而现代人却太欠缺了。我们喜欢改天换地，心灵也变得焦躁不安。比如，眼前这一位！”

一听这句话，杨略就知道，又有好戏上演了。果然，场景突变，山河消退，四周黑暗，他们坐在了剧场之中。

二、永不满足的浮士德精神

舞台上夜色深沉。在一座古老的哥特式房子里，坐着一位白发长髯的老人，呆呆地看着窗外，那里淡白色的月光，正笼罩着城市一排排古屋的尖顶。屋子中间一张长案，凌乱地堆着书籍和古怪的仪器。

老人喃喃自语：“哲理啊，法律啊，医典啊，甚至于神学，我都努力钻研了一遍，却不见聪明半点。”[1]

“哈哈，”杨略看到这里，笑出声来，“这是浮士德。”

“那故事的情节你都知道了？”

“当然，我刚读完呢。浮士德一生虔诚地追求知识，满腹经纶，但一无所用，一晃已是老年，他觉得岁月虚度，毫无希望，就想自杀了事。”

“这是对中世纪知识的抛弃。然后呢？”

“魔鬼出现了，与他签了协议，让他重获青春，再经历一次轰轰烈烈的人生。作为代价，浮士德一旦满足，灵魂就归魔鬼所有。浮士德成了风度翩翩的青年，遭遇了爱情，最后以悲剧收场。参与政治，却只是为虎作伥。

①关于《浮士德》的场景，本书参阅了郭沫若、董问樵、绿原的译本，并加以改编。

追求古希腊美女海伦，和她生了个孩子，但最后都化成了泡影。”

“爱情悲剧，是走出小我。政治悲剧，是对封建制度的绝望，于是要回到古希腊。可是海伦的幻灭，是对文艺复兴的质疑。在歌德看来，古希腊的文明，只是美好的回忆，不能作为向导。”

杨略点点头。

“然后……”

爸爸制止了他。

“下面一段是我要讲的重点，体现的是启蒙运动时代的精神，需要细细品味。来看话剧吧。”

舞台上，浮士德重新出现。此时他已是中年，两鬓略微斑白，站在峻峭嵯峨的山顶，看着面前浩瀚的大海。旁边站着一个瘦长的人，帽子上插一支公鸡毛，身披一件红色大氅。他的脸苍白瘦削，形同石刻，嘴角流露出傲慢的嘲笑。这自然是魔鬼墨菲斯特。

浮士德的神情，像是大病初愈，或是刚从痛苦中复苏，但眼睛里燃烧着火焰。

“这个地球还为大事业留有余地，我要做出一番惊人的事迹。从事这大胆的勤奋，我觉得自己有力量毅然奋起！”

墨菲斯特用尖厉的声音说：“那么，你要的是赫赫名声？”

浮士德反驳：“我要赢得权威，我要掌管！事业就是一切，声望不过是浮云！”

“啊——很可能会有些骚人墨客，向后世传知你的荣名，以愚蠢来激发愚蠢。”墨菲斯特觉得很有趣，哈哈大笑起来。

浮士德最不能容忍墨菲斯特的性格，对一切都讥嘲讽刺。

“你怎知人类的渴望？你乖戾的本性，尖酸刻薄，怎能知道人类的需求？”

看到浮士德生气，墨菲斯特耸了耸肩膀，一脸无所谓。

“好吧，一切都依你的主张！你不妨向我谈谈有多大的狂想！”

浮士德重新注视着大海，昂首挺胸，语气非常庄重。

“波浪就像沙漠，席卷着荒凉的海岸。我要策励我的精神，自行振奋；我要斗争，我要克服这种专横。这事情值得大干一番，把汹涌的海水逼离海岸，对潮汐地带加以制限，把海水赶回海洋中间！计划一步步在眼前开展；这是我的愿望，定要促其实现！”

“你要移山填海？好大的口气啊！”

“不错，我还要建造一座乐园，让万千的人民生活于其中，再不受奴役与饥寒！”

听了这些慷慨陈词，墨菲斯特嘴角保持着讥嘲，只是说：“这很容易啊。”

这时山下杀声四起。原来人民在革命反抗暴政，浮士德在墨菲斯特的帮助下，将革命镇压了下去。作为奖赏，皇帝赐他一片海边的土地。

浮士德开始了伟大的事业，带领人民，开始了移山填海的伟业。他们挖沟，筑堤。短短几年后，草地和草地连成了一片，四处都是牧场、花园、村庄和树林。一座乐园建成了。

此时，浮士德辛劳多年，也十分老朽了，眼睛也瞎了。当他听着外面锄头的声音，那是人民在辛苦劳作，心里无比快慰，回顾了自己的人生，觉得再无缺憾，由衷地感叹：“我为几百万人开拓出疆土；虽然还不安全，但也可自由勤苦。原野十分青翠，土壤一片膏腴，人畜都在这新地上得到安居。我愿意看见这群熙熙攘攘的人群，在自由的土地上住着自由的国民。对于这样的刹那我要呼唤……你真美呀，请停留一下！是的，我在地上的日子会有痕迹遗留，它将不致永远成为乌有。我在这样宏福的预感之中，享受这最高的一刹那。”

浮士德终于满足了，倒地死去。魔鬼按赌约将他带往地狱做俘虏，而天使们却将他的灵魂救赎入天。

而后，幕布慢慢拉上。

爸爸点评说：“近代人不再虔诚地信仰上帝，在精神上获得了解放，得到了自由，但也失去了依靠，经过了哈姆莱特式的彷徨、摸索，最后发现，应该自强不息，用理性的力量，改天换地，打造美好家园，并在这种努力中实现人生的意义和价值。这种精神，被称为浮士德精神，西方从此走向了征服自然的历程。”

“可自强不息、自我实现，不正是我们迫切需要的吗？”

“浮士德精神虽然很可贵，催人上进，赋予人生以积极的意义，但如果贪得无厌，欲壑难填，也很难幸福。”

三、像一座大山那样思考

从狭小的放映室里出来，他们走在高山之间。峥嵘的山岭在眼前连绵起伏，大树直冲霄汉。悬崖上一道瀑布喧腾而下，坠入茫茫的烟雾之中，水流从山涧里经过。杨略俯身下望，透过山崖上横生的枝叶，可以看见蓝色的涧水汹涌澎湃，撞击着山岩和巨石，激起白色的泡沫，发出的吼叫让树林和山岭都发出回响。在山岩树林之中,许多不知名的飞鸟在林子里啼叫。蝴蝶、金龟子、飞蛾、蜜蜂，都在眼前往来飞行。

杨略将这些壮丽的景象摄入内心，觉得澄澈、愉悦，有种浑然忘我，甚至飘飘欲仙的感觉。

爸爸在深深地呼吸，水分充盈的空气，瞬间滋润了他的双肺和身体。

“略略，你看看四周，你会觉得这一切，雄伟的、优美的、敏捷的，都只是一些数学公式吗？”

杨略摇着头。

“数学公式那么抽象，单调，而这里的一切都是神完气足的。”

“这座山，就是一个生态系统，所有的一切，瀑布、土壤、岩石、树木、花草、飞鸟、昆虫，还有瞧不见的野兽、细菌和真菌，构成一个整体，彼此既竞争，也互助，所以千姿百态，生机勃勃。但就是在这里，也曾遭遇过生态的惨剧。”

“在这儿？”在杨略眼里，这里就像原始森林一样，似乎从来没有被人类破坏过。

“山上曾经有许多狼,一到晚上,就响起呜呜的狼嚎。它们时常群体出动，捕猎野兔、野猪。冬天时断了粮，会到山脚寻食，让附近的村民十分害怕，于是雇来猎手，在山上蹲了足足一个春天，大狼小狼，打死了两百多头，顺带着还收拾了几只山豹，一头黑熊。此后，这里再无狼患。山里人这下子安心了，早出晚归，辛勤耕作，演绎着农家乐。谁料，才过了四五年，他们的地里再也种不成庄稼了。原来没有了狼，野猪就没了天敌，立即泛滥成灾。番薯刚成熟，玉米才灌浆，一晚上的工夫，就会被野猪洗劫一空。直到这个时候，大家才发现，这座山在长久的岁月里，建造了生态的大厦，柱子间相生相克，彼此牵制，达到了大厦平衡。狼虽然可恶，但也是一根坚实的柱子。而猎手的子弹毁掉了这根柱子，大厦就塌了一角，再难以恢复了。”

“那时候目光总是比较狭隘。”

“这样的事情太多了。因为怕老鹰叼鸡，就赶尽杀绝，结果麻雀泛滥。因为麻雀偷粮，也赶尽杀绝，结果害虫泛滥。因为害虫吃菜，也赶尽杀绝，结果蔬菜中大量农药残留，最终被我们吃进了肚子。我们破坏了平衡，最终吃到了恶果。”

“爸爸，这还算轻的。我们砍伐了大量森林，造成水土流失，气候变化，这才是全球性的危机啊。有时候想想，人类怎么这么傻呢？”

“生态系统太复杂了。大家都以为科学家对生态系统的运转了如指掌，其实科学家却说，人们永远不能完全了解它的奥秘。”

“那该怎么办？”

“人类要学会像一座大山一样思考，尽可能地保持生物的多样性，保存生态的丰富、平衡、美丽。这座山还是幸运的，20 世纪 60 年代被划为了自然保护区，封山育林，不许捕猎。50 年过去了，满山的青翠。据说，有人在山上看到了山豹的踪迹。说不定，再过些时日，狼也会重新出现的。生态系统又将恢复稳定。”

“但愿整个地球都有这样的运气。”

“我们就在山上走走，体会一下大山的智慧吧。”

于是，他们走进大山斑斓的色彩之中。这里巨木成荫，岩崖怪奇。他们有时站在清澈的池塘边看鱼，有时站在岩石上看云，有时围抱一棵冲天的大树。光是树干上的苔藓、岩石下的翠云草，都让他无限惊叹。更不必说林中飞翔啼鸣的鸟儿了。

山中处处都是美景啊。

中午时分，他们在山腰的一家饭店用餐，一边吃饭，一边看阳光透过树枝，在石板上留下光斑，像一只只嫩黄的小雏鸡，快活地跑来跑去，也有无限的趣味。

吃完了饭，外面天气骤变，刚才还艳阳高照，现在却淅淅沥沥下了雨。山中多雨，雨后多雾。整个小店被笼在洁白的雾气之中。杨略并不着急，就着餐桌，拿出纸笔，一气呵成写了一首诗，作为此行的留念。

山

光光读音，就足以让人浮想联翩
山——是在哪一纪，你浮出海面
让所有习惯于用腮呼吸的岩石
都在阳光下长出绿色强壮的肺叶

又是什么样庄严的选举
让你成为领袖，统领河流与平原
为什么你会保留波浪的姿态
是波浪，为什么又驻足不前

一个巨大的神秘，高高地伫立千年
如果我今天同你对话
潇潇松涛，却是怎样远古的语言

你从不试图占领，所以你永远不会被征服
即使登临高峰，我也只能听见
洁白的雁翅下，一阵风梳过森林与麦田

他默默念着诗句，看着檐前的雨丝，一时心醉神迷，诗意朦胧，竟有些痴了。

在他一旁，爸爸却画了一幅极幼稚的画。

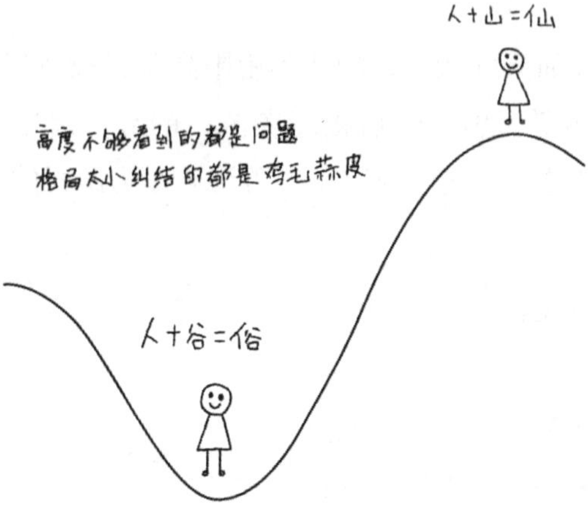

看着这圆乎乎的小脑袋，杨略差点就笑出声来。

爸爸却说："你瞧，人在谷底，鼠目寸光，看到的都是问题。而上到山顶呢，高瞻远瞩，看到的都是风景。所以，一个人要想拥有强大的抗挫力，需要有辽阔的视野、远大的抱负，那就不会因为一点挫折就退缩不前，自怨自艾了。"

杨略还在回味，四周忽然暗了下来。杨略发现，他身后出现了舒服的沙发。他一屁股坐下去，手边居然还有饮料。这是到了电影院啊。

果然，前方出现了一个巨大的银幕，上面出现了四个大字：复活节岛。

奇特的是，这四个字是用石斧组成的，用藤蔓捆绑而成，充满石器时代的气息。中间是一尊复活节岛的石像，眼窝深陷，愣愣地看着天空。

"爸爸，我们要看电影吗？"

"对，复活节岛的历史。"

第九课

远见，让我们看淡日常的挫折

一、复活节岛的盛衰史①

一望无际的海面上，一艘木筏在破浪而行。这木筏是如此巨大，足足容纳了一百来人，简直就是一个移动的村落。两只独木舟上铺着结实的木板，中间是一个长长的三角乌篷，铺着厚厚的棕榈叶子，这是供酋长和祭司住的，旁边还有许多小乌篷，住的是部族的平民。布局和他们在原来的村子里一样。

一些人站在木筏边上，腰上缠一块布，手中的木棒上绑着锋利的黑曜石，看准了水中淡淡的影子，猛地插入海水，提上来时，就带上一条翻腾挣扎的鱼。他们出发时带的干粮已经不足，必须要捕捉更多的鲜鱼。过了一会儿，木筏的各处都升起白色的炊烟，空气中弥漫着干柴焚烧和鲜鱼烤熟的香味。

酋长霍图·玛图阿（Hotu Matu'a）站在船头，静静地看着天上层层堆积的白云。他30来岁，身材非常高大，黑发在脑后扎着辫子，辫子还编入了许多黑色的鸟羽，脸和脖子上涂着白色的条纹，光裸着上身，黄铜色的肌腱在太阳下闪着亮光。手里拿着一根权杖，顶部的装饰也是白色的鸟羽。

旁边的女子穿着白色的布裙，身材修长匀称，拉着他的手问道："霍图，你说的岛在哪里？"

"很快就到了。"

"可有人说，再过去就到世界尽头了。在那里，海水像瀑布一样，注入无底的深渊里。"

"苏娜，别听他们的胡言乱语！"霍图转过脸来，目光如电，怒气腾腾。木筏上是他的部族，男女老少都视他为精神支柱。他不允许部族中有人散布这样的流言，尤其是自己的妻子。不过，当他看到苏娜一脸惊慌，又不忍心了，声音温和下来。

"苏娜，祖先的预言是不会错的。在这片浩瀚的海洋中间，就是鸟神姆吉姆吉的故乡，世界的肚脐。在那里有一个最美丽的岛屿，山上流淌下清甜的溪水，地上长着高耸入云的大树，林子里都是快乐的飞鸟，海里跳跃

---

① 以下故事参见贾雷德·戴蒙德：《崩溃：社会如何选择成败兴亡》，上海译文出版社2018年版，第一章。

着最健壮的海豚。我们的部族在那个极乐园里，可以繁衍生息，过上无忧无虑的幸福日子。”

苏娜知道丈夫的执着，但还有些疑惑。

“可是，霍图，我们从出发开始，太阳已经升起又落下一百多次了，前面还是只有无边无际的海洋。我们的淡水不多了，如果现在回去，还来得及……”

“别说了！”霍图知道，妻子的这番话，肯定代表着部族里许多人的意见。他们出海已久，心存疑惧，但又不敢直接向霍图反映，只好通过温柔善良的苏娜来转达了。

霍图沉默得像一座山，眉头紧紧锁起，独自想着事情，观察着海天之间的每一个细节，希望得到一些征兆。

这样又过了两天，部族里的异议更加多了，有几个年轻气盛的小伙子与霍图正面顶撞。这种情况在以前是没有出现过的，霍图感到自己的地位在动摇。幸好，这时候天际出现了征兆。

“你们看！”霍图指着远处飞翔的白色鸟群，那是一群军舰鸟，大约有上百只，展开宽大的白色翅膀，在海面上盘旋飞掠，不时扎入水中，捕捉着过往的鱼群。

霍图的脸上露出狂喜的光辉，手掌搭在额头上，专注地看着前方。

“你们看见那些鸟儿了吗？！这是我们至高无上的鸟神姆吉姆吉派来的！这么多神圣的大鸟，说明附近一定有岛屿，作为它们夜晚歇脚的地方。现在是傍晚，它们该归巢了。快把大家都叫起来，跟着这群鸟！”

部族的人都是航海专家，懂得观察星象与鸟群。所有的人都兴奋起来，举起了船桨。可是这些鸟并不是好向导，它们飞得那么快，不多时就消失了踪影。但这已经足够了，霍图他们知道了方向。

夕阳渐渐落下，木筏在晚霞中染得通红。海天之间，大自然一片静寂，没有鸟鸣，没有海浪，只有木桨拨动海面的声音。一群海豚出现了，与木筏追逐嬉戏，不时跃出水面，划出一个优美的弧形，唰地落在前方，击起洁白的浪花。继而天色渐渐转暗，一弯月亮升起来，在浮云之间时隐时见，海面上留下点点粼光。

大家都划得累了，吃完了剩余的烤鱼，走进棕榈乌篷中去休息，只剩下一个舵手掌控方向。霍图不肯去睡，静静地看着前方。他从小的梦想就是找到世界的肚脐，如今这个传说中的岛屿就在眼前，或许就在下一秒，一个神奇的岛屿就出现在他眼前。他不能错过这个神圣的时刻。

海风轻轻地吹拂着他的胸膛，海面上起了一些小波澜，哗哗地拍打着木筏。天上的浮云越积越多，月亮隐藏起来了，天空中一片漆黑，水里的海藻却发出淡青色的亮光，照亮了他的身体。木筏像是在星海中飞行。这种场景使他产生奇异的感觉。

但好景不长，夜深之后，海上起风了。先是几股小风试探，继而一阵大风呼啸而来，让霍图一时睁不开眼睛。大颗的雨点落在了木筏上。雨点越来越密集，最后像瀑布一般倾泻而下，将棕榈乌篷抽打得噼啪作响，海面开始动荡不宁，木筏随之上下颠簸。所有人都被惊醒了，纷纷钻出棕榈篷。

这时，一道耀眼的电光撕裂了夜空，靠着这转瞬即逝的亮光，大家都看到了令人心胆俱裂的场景。

木筏的左前方，出现了一面高大的黑墙，正无声无息地靠过来，墙头在闪电中露出白色的花边。这是一个巨大的海浪，正凶猛地滚滚而来，很快就要到身边了。

霍图立刻扑倒在木筏上，抓住了捆绑木筏的巨绳，向后大喊了一声："快抓住绳子！"

话音未落，巨浪已奔涌而至，将整个木筏覆盖了。许多刚钻出棕榈篷的人，还没来得及抓住木筏，就尖叫着被波涛吞没了，落入了海里，东一个，西一个，转眼没了影子。棕榈篷受到了剧烈的冲击，纷纷被掀了起来，海水直灌进去，到处激起了惊叫声。

霍图见一浪过去，下一浪还在原处，但来势更为凶猛。他站起来，跑向大篷，口中喊道："都把自己绑在木筏上！快！"

他自己和几个壮汉冲到边上，把掀起的棕榈篷用力往下拉，绑在粗大的木头上，然后找到了自己的妻子和孩子，用绳子绑在了一起。

这时第二个巨浪到了，它像一只巨手，先把木筏托起来，往前推一阵，再凌空一掼。木筏悬空飞起来，又重重地落入了浪谷。大家还来不及尖叫，后面的巨浪已经接踵而至，把木筏吞了进去。幸亏木筏非常巨大，没被翻转，又顽强地浮出水面。但棕榈篷已被掀起，大家经受着海浪的正面强袭，连呼吸一下也十分困难。

风暴看起来无休无止了。接连几个大浪涌来，木筏在海水中时隐时现，像一片叶子在疾风中飘转，不知道会漂到哪里去。霍图毫无办法，只能与部族众人一起高声祈祷。

不知道过了几劫几世，木筏忽然重重地震了一下，前面半边高高翘向天空，绑着木筏的绳子纷纷崩断。木筏解体了，有些人惊叫着滑入了海水之中。

有人高喊起来："是礁石！"

霍图心里一闪念，借着闪电的亮光，往前方一看，喊道："不，是海岛，你们看！"

大家往前一看，夜色之中，前方有个黑魆魆的物体，立在海水之中，连绵起伏而纹丝不动，正是一个岛屿。刚才木筏撞到了海岛边上的巨大礁石。海浪拍在上面，像是掀起了一阵阵的乱石碎玉，劈头盖脸而来。

霍图喊道："快往岛上去！"他抱住一根从木筏上解体下来的巨木，拉着妻子和几个孩子，手脚并用，奋力往前划去。其他人见状，也纷纷效仿。而身后的海浪也迅速而猛力地把他们推向岸边。

霍图被埋入浪中，只好屏住呼吸，拼命向岸上游去，憋到肺都快炸了。幸亏海浪稍退，他的头露出水面，得以重新呼吸。这样游了一阵，他们的脚触到了礁石，心里安定了些，在水里站了一会儿，喘了口气。但巨浪丝毫不给他们休息的机会，再次从背后汹涌而至。他的一个儿子松了手，被卷入浪中。霍图放开了巨木，奋力扑了过去，刚抓住儿子的身体，却被海浪抛起，胸口重重地撞在岩石上，立即失去了知觉。

等到霍图醒来时，发现自己躺在树荫下。眼前一片青翠，耳中响着各种的鸟鸣。略带咸味的海风轻轻地抚摸着他的身体。一切幽静，凉爽，舒适。

这是在哪儿？

苏娜就坐在一旁，看到他醒来，露出惊喜的表情。

“霍图，你醒啦！你知道吗？我们到世界的肚脐了！”

霍图挺身坐起来，昨晚胸口受到重击，此刻还淤青疼痛。他往四周一看。林子里一片苍翠，杜英、构树、花梨木随处可见。各类鸟儿躲在树荫里鸣叫，不时扑啦啦地飞动。地上的树叶不知厚积了几万年，呈现出灰黑的颜色。一条小溪在林子里静静地流淌。岸上羊齿植物舒展着美丽的叶子，紫罗兰和铃兰开着精致的花朵。

但最让他心动的，是那些直插霄汉的棕榈树，都有十个人那么高，枝干那么粗大，估计最强壮的男人，也要两人才能合抱。宽大的叶子舒展开来，像是翠绿的鸟类羽毛，被蔚蓝的天空一衬，显得那样清丽好看。

这些大树，是鸟神姆吉姆吉的化身吗？

他静静地看着，眼眶里蓄满了泪水，默默地说道：“我们祖先的预言没有错！这里就是鸟神的故乡，世界的肚脐，我们的极乐园。”

这时，他又想到了什么，转身问苏娜：“其他人呢？我们的孩子呢？”

“老大在外面帮忙搬东西，其他几个，正在到处玩呢。”

苏娜吹了一声口哨，他的孩子们从林子的各处跑了过来，高高矮矮站成一排。最小的苏亚才 3 岁，光着脚丫，手里抓着一只大螃蟹，一脸稚气地说：“爸爸，你吃了它，也长出硬甲来，就不怕撞石头了。”

大家都笑了起来。霍图摸了一下苏亚的头，站起身，捂着胸口，走出了密林，来到了海边。

这是一道月牙形的沙滩，木筏搁浅在不远处的礁石上，一头高高翘起，许多巨木被冲到了岸边。部族的其他人正蹚着水，往下搬着残存的陶器、渔具。妇女们还抱下一窝窝的鸡。一看见他，都纷纷来打招呼。从谈话中，霍图得知，昨晚的暴风雨，让他们损失了大木筏，十来个人受伤，另有五人不知去向。

霍图满脸凝重，和祭司爬上了岛上的第一高峰勘察地形。这是一个三角形的小岛，毫无人烟痕迹。地势都很平坦，三个角上各有一座火山，熄灭已久，中间蓄满了清水，从缺口处往外流淌。小岛上，除了火山的峭壁和海滩，到处都是繁盛的树木。暴风雨过后，山林里升腾起白色的雾霭，滋润着他的肺叶。这是多么丰饶的岛屿啊！

祭司已经跪在地上，高声地赞美。

“感谢我们的创造之神、丰收之神姆吉姆吉。感谢您赐予我们美好的家园。我们将在这里繁衍生息，永远服侍您！”

接下来的日子里，他们晚上栖身在沙滩上，白天用石斧砍倒一棵又一棵棕榈，搭建起一间间房舍和鸡窝。

大树砍倒之后，留下了一大片林中空地，他们焚烧掉灌木和花草，搬掉地里的石头，开垦起一畦畦农田，撒下了他们带来的种子，种起了地瓜、山药、芋头、香蕉和甘蔗。

当然，他们似乎并不太依靠这些主食，因为岛上的食物实在太丰富了，简直俯拾皆是。随处可见的飞鸟，比如信天翁、军舰鸟、海燕、管鼻鹱等，都傻乎乎的毫无戒心，会歇到他们的肩上，方便他们任意捕猎。棕榈的树液可制糖，其坚果味美可口。林子里还有各种蘑菇、野菜。海里的鱼、虾、龟、贝，略一烹煮，便是上佳的美食。

他们建好了木屋，诸事都安顿了下来，日子便显得优哉游哉，于是男女浪漫之事便多了起来。情侣们逍遥于小岛的各处，百花之间，碧湖之中，海滩之上，火山之巅，处处都是爱巢。在鸟神姆吉姆吉的庇佑之下，他们快乐地恩爱着，置身于极乐的天堂。

幸福的时光总是过得很快，时间就这样悠悠过去了六百年。足以让历史变成传说，传说又变成神话。

屏幕上出现了一个宁静的夜晚，一轮满月悬于高空，整个岛屿都沐浴在银辉之中。祭司孟巴托正在篝火边，给氏族的年轻人讲先祖们的故事。

在他的口中，酋长霍图·玛图阿再也不是凡人。他力大无穷，在故土遭遇灾害时，打造起一艘能容纳三百人的木筏，带领整个部族，在茫茫大海中寻找美好家园。神话的最高潮，就是那场突如其来的暴风雨。霍图在神的帮助下，奋起千钧之力，将木筏拖上了岸，并在岛上建立了天堂。

孟巴托已是须发皆白，但因为养尊处优，脸上满是健康的红润，头上插着羽毛的饰物。只是喝多了甘蔗汁，牙齿早已蛀空。没了牙齿的支撑，嘴唇就有些干瘪，显出了一些老态。

此刻，他正沉浸在对祖先辉煌事业的追忆之中，双手举出头顶，大声地赞美霍图·玛图阿，就像他平常赞美神灵一样。

“霍图·玛图阿是如此伟大，让一切后人都沐浴在他的光辉之中，感到无上的荣耀。”

此刻在广场上，聆听他讲故事的，是汤加瑞奇（Tongariki）氏族的年轻人，酋长雷瓦也在场。在这个时候，岛上已有六千多人，分成十二个部落，最强大的有汤加瑞奇氏族、维纳普（Vinapu）氏族、安纳克那（Anakena）氏族，彼此之间很有些龃龉和仇隙。

汤加瑞奇氏族有一千来人，人数最多，占据着拉诺拉拉库（Raku Raraku）火山，因为土壤肥沃，农业最为发达。但安纳克那氏族人数虽只有八百人，却占据了北岸的两处海滩，有利于外出捕鱼，也有其优势。此外，维纳普氏族人数只有七百人，但他们占据的地方出产黑曜石，是全岛居民做农具、渔具所必需的。因此三大氏族各擅胜场，每次推选全岛的大酋长，都是你争我夺，闹得不可开交。

此时，酋长雷瓦听到孟巴托的赞美之声，心里有些失落。他才 30 多岁，素有大志，想要振兴部落，获得霍图·玛图阿一般的荣光。

在他爷爷和父亲的手里，整个氏族勤于开垦，将火山下的丛林砍伐了一大半，成了丰饶的良田。而在雷瓦手里，一切都蒸蒸日上，良田往内陆延伸，让整个氏族吃穿不愁。因此，他拥有了极大的声望。

可是，雷瓦并不满足于此。他要做的，是一项惊天动地的伟业，让整个岛屿的人都由衷地钦佩，奉他为全岛之主。他也想乘风破浪，发现一个新岛屿。他也乘舟出去过，除了几处海燕栖居的礁石，极目望去，唯有茫茫的海水，看不见一个岛屿。

他们生活在一个孤岛上。

他的伟业在哪里呢？

孟巴托还在感叹：“我们该怎么纪念这么伟大的祖先呢？让他赐予我们无边的法力呢？”

一个年轻人说：“我们不是有阿胡（Ahu）吗？”

所谓阿胡，是一个长条状的石头平台，外面是玄武岩的四面墙，中间填以碎石，是氏族祭祀所用的神坛。

孟巴托说："阿胡虽然神圣，但每个氏族都有一个。我们汤加瑞奇氏族是霍图·玛图阿的嫡系后代，怎么能与其他氏族混为一谈？我们应该做一点特别的事情，让霍图知道我们的虔诚！"

雷瓦听他说得如此肯定，似乎胸中早有计划。

"孟巴托，您有什么高见？"

孟巴托高高举起右手。

"我们应该为他塑造一个巨大的石像，名叫摩艾（Moai），要有三个人那么高，矗立在阿胡之上，用于纪念我们伟大的祖先霍图·玛图阿。"

雷瓦的目光随着孟巴托的手臂，渐渐望向高空，眼前仿佛出现了一尊巨大的石像，高耸入云，威严壮丽，让所有的人都油然而生膜拜之意。这是从未有过的狂想。如果完成了，将是惊天动地的伟业！

伟业！关键是这两个字。

他的胸中热血沸腾起来，喊道："三人高怎么够，我要五个人高，十个人那么高！"

其他人都惊骇地面面相觑，觉得眼前这两个人的想法，简直是匪夷所思，一个中年人怯生生地问道："这么高的石像，去哪里找石头，怎么雕刻？就算刻好了，又怎么搬运，怎么竖起来呢？我们是一点经验都没有啊！"

雷瓦站了起来，目光如星辰一般，照耀着其他人。

"在我们的拉诺拉拉库火山上，火山岩有的是，最适合雕刻。至于搬运，哈哈，我相信肯定能想到办法！"

众人还有异议，但雷瓦大手一挥，阻止了他们的意见。在这一挥手中，他感觉自己有几分霍图当初力排众议、坚决出海的气势，心里顿时豪情万丈。领袖嘛，必然要目光远大、意志坚定，怎能像庸人那样瞻前顾后、犹豫不定呢？

他高声说道："我们氏族有一千人，还有什么事情不能完成？不要忘了，其他氏族是怎么说我们的。他们叫我们是火山下的农夫，只会埋头种地，没有安纳克那渔夫的勇敢，也没有维纳普工匠的聪明，是最懦弱最没用的人，像一群叽叽喳喳乱叫的鸡，一群只会钻地洞的老鼠！你们愿意被人家这样侮辱吗？”

他把其他氏族的嘲讽汇总在一起，添油加醋地说出来，果然很有煽风点火的效力。他每说一句，那些年轻人就怒吼一声，内心仇恨的火焰被点燃了。

孟巴托说：“如果我们能竖起石像，那我们将获得鸟神姆吉姆吉和先祖赐予的力量。”

雷瓦接下去说：“而且全岛的人都将知道汤加瑞奇氏族的强大和威风！我们的子孙也将记得我们，并且传扬我们的美名！”

他们的情绪感染了年轻人，一个个摩拳擦掌。

“好，我们干！”

“对！不能让别人看不起我们！”

经过了这一晚上的会议，竖立石像就成了关系到氏族声望和命运的头等大事，氏族里的能工巧匠天天聚在一起，探讨着各种方案。最终石匠莫赫的提议被采纳了。莫赫的母亲是维纳普族人，他曾在那儿生活多年，学了一手采石的好工艺。他在酋长面前滔滔不绝。

“火山上的灰色石头我看过，外面坚硬，里面松脆，完全可以用黑曜石雕刻。我们可以这样，在山腰上找块突出的岩石，先把边上的泥土挖去，从上到下，先刻脸，再刻身子。刻好了之后，把底部凿断，放倒之后，横着运出来。”

获得酋长雷瓦允许之后，莫赫带着二十个人进了山，找到了合适的岩石，费尽心力雕刻了一个，酋长觉得太矮，不够威风。他们只好重新选了个更大的岩石。雕刻到一半，一个工匠不小心，把石像的长耳朵凿断了，只得又重新开始。就这样，寒来暑往，日月穿梭，这些人足足雕刻了一年，才完成了石像。在这期间，他们并不种地，所有的粮食都由酋长提供，倒也十分快活。想象着在以后的日子里，他们的子孙也将以此谋生。

石像雕成的那天，雷瓦和孟巴托爬到山上，仔细地审阅了一番，都露出满意的笑容。

接下来的工作更加艰难了。两百个壮汉参与了石像的搬运。他们先砍倒了一片树林，在沿途上铺满茅草、芦苇，用树皮搓成无数条巨大的绳索，再把粗大的棕榈树砍成一段一段的圆木，一路铺设过去。

准备就绪之后，他们把土坑的前面铲平，将绳索捆住石像的下端，一点一点往前拉，同时在石像下垫上圆木，等石像完全平卧，又在石像的头部和脚部都捆上绳索。在行经的道路上，若是上坡，二百个壮汉都在前面死命地往前拖，若是下坡，一百个壮汉在前拉，一百个壮汉在后面拖，免得石像滑得太快。

这样过了十天，石像终于运到阿胡祭坛面前。族人们早已在平台前铺了另一条石头坡道。石像沿着坡道缓缓上移，等到底部抵达平台，壮汉们用木头将头部抬高一点，然后在下面塞上石头，一点一点将石像竖起来。

又经过了七天，雕像终于立在阿胡之上，足足有五个人那么高，像一个通天的巨柱，气势恢宏、雄浑有力。石像的脸微微仰起，两只眼睛是用白珊瑚和火山红石做成之后镶嵌进去的，蓝天之下，显得熠熠生辉，注视着汤加瑞奇氏族的领地。石像的鼻梁宽大高耸，充满了威仪。耳朵从头顶往下延伸，一直到与嘴齐平，有着神的气象。这虽是霍图·玛图阿的雕像，但面容上居然与雷瓦有几分相似。这令他十分得意。

在祭祀大典上，孟巴托举起颤抖的双手，跪倒在地上，高声地喊道："我们伟大的霍图·玛图阿，尊敬的先祖，求您赐福于您的子孙吧。"

"赐福于我们吧！"氏族众人跪倒，随声附和。

其他氏族的酋长和祭司也受邀参加了仪式，一个个面如土灰，忸怩不安。这令汤加瑞奇氏族的上上下下都得意扬扬，心里十分佩服雷瓦和孟巴托当初的决策。一番辛劳之后，终于换得了荣耀和赐福，还有什么是不值得的呢？

他们一连高兴了好几年，干活也越发带劲，土地里的收成、氏族里的新生儿也胜过往年。他们将一切都归功于高大的摩艾。

不过，好景不长，其他氏族眼红了，开始纷纷效仿，来到了拉诺拉拉库火山上，尽全族之力，雕刻、搬运，将摩艾竖立在各自的阿胡上，俯视他们的领土。短短几年之后，十二个氏族都有了自己的摩艾。更可气的是，有些摩艾居然个子更高，鼻梁更挺，眼睛更亮，肯定更受神的青睐。

汤加瑞奇的族人们愤怒无比，下地干活都没了心思，男人们天天聚在一起商量对策，连家里的女人都被冷落了。

有人说：“我们把拉诺拉拉库火山保护起来，不允许其他氏族来雕刻石像。”

许多人赞成。

但雷瓦摇头说：“如果我们这样做，那我们将无法从北部海滩出海捕鱼，也拿不到黑曜石制作农具。我们的资源都是共享的。”

又有人提议：“那我们可以破坏他们的摩艾，比如偷下摩艾的眼睛。”

“胡说！”孟巴托顿了顿象征神灵的权杖，上面的鸟羽上下抖动，似乎生着很大的气，“神一直要我们各氏族和平相处。靠这种阴险的手段，我们将失去神的信任！”

众人面面相觑。

“那怎么办呢？”

孟巴托说：“办法只有一个。”

“什么？”

“再竖一个更高大的摩艾。”

在接下来的六百年时间里，竞争让所有的氏族都疯狂了。为了赢得神的青睐，岛上陆陆续续出现了三百多个阿胡，六百多尊摩艾。最高的一尊，居然有七人高。其他氏族不甘示弱，就在他们的摩艾上，又装了一个火红的圆柱形帽子，名叫普卡奥（Pukao）。他们几乎把山上能用的石料都用完了。

同时，为了显示自己的氏族已经获得神的庇佑，他们加紧了生育。整个岛上现在已经有了两万人。这远远超出了海岛的承受能力，几乎所有土地上都建起了房舍，开垦了田地。原先随处可见的棕榈树林，现在只有在角落里才找得到。没有这些大树的保护，小树也在急剧减少。

岛民要烧柴，要做船，要搬运摩艾，还要焚烧遗体。于是，连灌木丛也慢慢消失了。

没了树林，鸟群渐渐不来岛上栖居了。而岛上的风越来越剧烈，常常呼啸而至，将地里的土壤卷入高空。空气越来越干燥，连原本四季不绝的溪流也变得时有时无。一到五月，大雨滂沱，溪水一夜之间爆满，涨成了一条浑黄的河流，将沿岸的土壤冲入海里去。

等大雨停了，没过几天，溪流又干涸了。整整一个秋天和冬天，溪里只有横七竖八的卵石。于是田里的收成越来越差，大家只好乘独木舟外出打鱼，在海滩上捡贝壳，在群鸟栖居的礁石上掏鸟蛋。

听老人说，这里曾经是个极乐园，吃穿不愁，无忧无虑。可现在呢，一切都改变了。为了填饱肚子，他们花费的时间越来越长，想尽了各种办法。为了增加土地肥力，他们挖了个大坑，把粪便枝叶倾倒进去，用于堆肥。为了防止岛上的大风刮走土壤，他们把许多大石头压在土地上，一来阻挡了大风，二来增加了土壤湿度。

总之，他们辛苦操劳，一天到晚没有停歇的时候，但身体还是因为营养不良而日渐消瘦，脸上刻满了愁苦的皱纹。所有人都在反复向祭司咨询一个问题："我们的创造之神、丰收之神姆吉姆吉，是不是要放弃我们了？"

所有的祭司都这样回答："不，他是在考验我们的忠诚。"

为了体现忠诚，他们耗尽全部人力物力，要竖立更高大的摩艾。汤加瑞奇氏族的计划最为宏大——一尊十四人高的摩艾。等他们完成了雕刻，却赫然发现，自己的领地上，已经没有了搬运必需的棕榈树。

沮丧的情绪笼罩着整个汤加瑞奇氏族。

"一个月前，我从山脚经过，那里还有五棵棕榈树。"

"肯定是被维纳普族人偷走了！"

"对，他们的棕榈早就砍光了。"

"走，找他们算账去！"

"我们不能被欺负了。"

这一任酋长乔达很年轻，只有 20 岁，还处于极容易冲动的年龄。他的脑子里燃烧着仇恨的火焰，带领氏族的工匠们，足足有两百人，手持撬棒、鱼叉，杀气腾腾地来到维纳普的领土。

这时，维纳普的族人刚把一尊摩艾移到阿胡上，那么多壮汉一起用力，摩艾一点一点竖起。他们所用的撬棒、圆木，都是棕榈树。这分明就是从汤加瑞奇的领地偷的。

乔达喊了一声，和工匠们拥到对方酋长纳伦的面前。

纳伦心知不好，但勉强维持镇定。

“乔达，你们有何贵干？”

他们确实偷了树，不过按原计划，只要摩艾竖立了，就得到神的赐福，不怕乔达来寻仇。可是，他们来得太不是时候了。

“拿回我们的东西？”

“什么东西？”

“你们偷走的棕榈树。”乔达指着五根支撑着摩艾的巨木，还有下面的滚木。

纳伦努力地微笑着：“我们什么时候偷了？你们有证据吗？”

证据自然是没有的。但乔达岂能善罢甘休，看纳伦恬不知耻的笑容，他怒气冲天，摩拳擦掌，眼睛里射出火焰来。

“你没有偷？！”

他完全丧失了理智，冲到摩艾的旁边，仗着身强力壮，推开几个维纳普的族人，对着一根巨木奋力一推，巨木倒下了。

“这是我们的木头，我们要拿回去！”

他这样喊着，却看到所有人的脸上露出恐怖的表情，呆呆地看着他身后的摩艾。原来，摩艾本来就颤颤巍巍地斜竖着，如今失去了巨木的支撑，更是摇摇欲坠。旁边拉着粗绳的工匠都在惊呼，但绳子从他们手中滑动了，掌心都被磨得鲜血直流。摩艾越来越斜，最后，只听一声巨响，摩艾从阿胡上倒下来，重重地砸在地上，断为两截。一个工匠不及躲闪，惨叫一声，被压得血肉模糊。

烟尘之中，出现了一阵死寂。

终于一个声音嘶喊起来：“报仇！杀死汤加瑞奇人！”

“报仇！报仇！报仇！”

维纳普的族人们操起了撬棒，举起了石头，如狼似虎地扑了过来，将乔达等人围在中间，石头雨点般地飞来，其中不乏锋利的黑曜石，乔达等人一个个头破血流。他们起初还觉理亏，但被这样打了一顿，都红了眼睛，一摸脸上的血污，咬牙切齿。有撬棒的抡起撬棒，狠狠地朝对方人群中砸去。有鱼叉的朝人多处猛扎，刺中了手臂，划破了肚子，顿时血肉横飞。

维纳普的族人本来人就不多，搬运摩艾已经精疲力竭，手中又没有趁手的武器，所以被乔达等人噼里啪啦一顿好打，居然落了下风，不少人躺在地上只顾呻吟。

纳伦见状不好，就下令扶起伤员，退回村落里去。汤加瑞奇的汉子们得了胜利，把之前的怒气全然发泄了，包扎了伤口，兴高采烈地回去了。

“哼，让他们偷树。”

“就是，活该！”

他们以此来说服自己，打消隐隐的愧疚。

但事情开始恶化了。第二天清晨，汤加瑞奇的人还在睡梦中，只听外面发出巨大的声响，像地震了一般。乔达抓了件衣服就起身，跑到外面，就发现维纳普的族人们黑压压地围在祭坛边的广场上，用绳子将摩艾一尊一尊拖倒在地，摔得粉碎。汤加瑞奇的人发出了惊天动地的悲鸣，回家操起了武器，疯狂地冲进广场。

于是，又一场械斗上演了。这次维纳普族人有备而来，不仅将所有成年男子都叫来了，还连夜造了许多石斧石矛。维纳普的领地上，有的是黑曜石。他们在木棒上绑着锋利的黑曜石，在阳光上闪闪发亮，若是猛劈过来，足以砍落头颅，切下胳膊。

这场械斗的凶恶程度，远胜过昨天。汤加瑞奇的族人在维纳普族人精锐的武器面前，再也抵挡不住了。才一顿饭的工夫，就有百来人躺在血泊之中，不是胸口被刺中，就是头颅被砍下，缺胳膊少腿的人则更多，哭爹喊娘地躲进了自己的房子里。剩下的人在乔达的带领下，借用地形优势，顽强抵抗。他们毕竟人多，几阵冲锋，维纳普人也死伤了五六十人。

械斗持续了整整一天，所有人不吃不喝，好勇斗狠，终于都扛不住了。最后由双方的祭司出面谈判，让汤加瑞奇氏族向维纳普氏族赔偿五条独木舟、一百只鸡、三百条鱼，双方才暂时罢战。

乔达与氏族的年轻人越想越气，可是他们和维纳普人交恶之后，没法得到黑曜石，也就制作不了武器。靠武力不是办法。琢磨了许久，他想了个主意，联合了安纳克那人，偷袭了维纳普，抢夺了许多黑曜石。

自此之后，岛上再无宁日。每个氏族都成立了专门的军队，打造出各种兵刃。一会儿联合，一会儿争斗，一旦有一方取胜，就毁坏对方的摩艾和农田。他们再没有时间去种地，更顾不上种树。

在这个夏季，饥荒降临了。这时候他们才发现，地里的土干如粉尘，种不出粮食了。想要出海捕鱼，却没有了做独木舟的棕榈树。他们被困在了荒岛上。

于是他们只能吃青草,吃老鼠,吃昆虫,吃海贝。但很快,青草也啃完了,老鼠和昆虫也找不到了。海贝越来越小，最后也消失了。整个岛屿成了荒原,只剩下干涸的土地。仅存的一点庄稼,都放在了酋长、祭司家的院子里,并派了重兵把守。

越来越多的人饿死了。但战争越演越烈，他们在抢夺淡水和粮食。不知从哪天开始，他们开始吃人肉，起初是偷偷埋伏，劫杀他族的落单者，最后是明目张胆地通过战争，杀掉对方，吃掉尸体，甚至腌制起来，以维持自己的生命。

这样可怕的日子，持续了一百年，岛上的人口锐减到不足一千人，所有人都活在恐慌中，像老鼠一样住在深深的地洞里。

直到有一天，一个德高望重的汤加瑞奇氏族的祭司宣称，他得到了鸟神姆吉姆吉的启示，要用一种新的方法选择岛屿的新酋长，并且制止战争。他的方法得到了全岛的支持。

于是，每年九月，当乌燕鸥在岛屿外的礁石上产下鸟卵，各氏族就选出最强壮的战士参加鸟人比赛。他们借助芦苇编成的浮板，跳入危险的岬弯，躲过鲨鱼的袭击，游到礁石上。第一个摘到鸟蛋的人，把蛋放进他的头箍,立即游回来,攀上高耸的悬崖,把鸟蛋交给他的酋长。酋长拿到鸟蛋,就成为姆吉姆吉的化身，神圣不可侵犯。他的氏族将在下一年度统治全岛，分配岛上的资源，一直到来年的九月，新一轮鸟人比赛开始，他要将统治权交由他人。

为了第二年他的族人不受欺负，他必须在任期内尽量做到公平。

于是,这一举措结束了连绵的战争。但是,昔日的好时光一去不复返了。岛上再也没有一棵树，腥咸的水雾侵蚀着作物，溪水断断续续，他们要跋涉很久，才能在火山口的湖泊中取到水。

丰收成了遥远的传说。

尽管没有战争，但岛民们依然过着悲惨的生活，食不果腹，衣不遮体。他们不停地向祭司询问：“我们的创造之神、丰收之神姆吉姆吉，是不是放弃我们了？”

祭司们都无言以对。只有一个年轻的祭司大胆地说道：“不，是我们放弃了姆吉姆吉。”

二、地球是宇宙中的伊甸园

银幕上，太阳坠入了海洋，将云霞、海水、海岛都染成猩红。古老的摩艾半埋在荒凉的山冈上，锈满了黑色的菌斑，深陷的眼窝愣愣地注视着天空，再也看不到神的迹象。

杨略看得惊心动魄，心里浮想联翩。

爸爸说：“略略，你知道这部片子的寓意吗？”

杨略点点头。

“我想到了地球的命运。”

“复活节岛的盛衰史，就是整个地球命运的浓缩！在地球的乐园里，人类大量繁衍，追求奢靡的生活、虚假的荣耀，于是砍伐森林，攫取资源，无视末日的警告，长此发展下去，最终将酿成生态浩劫，社会崩溃，战争频发，饥荒遍野。”

杨略的脑海中，浮现出末日的荒凉景象。或许，一千年之后，残存的人类走过钢筋水泥的废墟，看到高耸入云的楼宇，上面爬满了葛藤和弹孔，也会像此刻杨略看着摩艾一样，生发出一些感慨吧。

正在这时，银幕上石像隐去，出现了一个蔚蓝的星球。

在茫茫的黑色宇宙中，无数冷寂与单调的星球之中，地球像一颗纯净、明亮的水晶球，无声地飘浮在那里，缓缓地转动。洁白的云层，明蓝的海洋，青翠中带点赭黄的陆地，一切宁静而庄严，美丽得令人窒息，令人满心虔诚，只想顶礼膜拜，万不敢用手指去触碰一下。

“略略，美吗？”

“真美啊。”

“我们还可以近距离看一下。”

话音刚落，摄像头调整了焦距，地球似乎扑面而来，而后渐渐定格，窗外出现了纯净庄严的雪山，草原上斑马群在静静吃草，蓝色的湖泊映着天光云影，珊瑚礁上游着色彩缤纷的鱼群，梯田的线条曲折如同小提琴的旋律，森林里淙淙流水伴着落叶纷飞……一幅幅精致绝伦的图画，美得让杨略热泪盈眶。

爸爸说：“如果宇宙中有伊甸园，那一定是地球。”

然而，不祥的色彩出现了。屏幕上灰色的城市在四处蔓延，高楼之间，弥漫着烟尘。板结的土地，像是地球上生了硬痂。城市周围，各色垃圾堆积如山。草原在退化，沙漠在进军，丛林在减少，雪山在融化，冰川在退缩。无数的矿山被开掘，像是在地球的肌肤上划开一道道伤口。伤口正在溃烂，黑色的脓汁流入河川。海洋里巨大的捕鱼船昼夜不息，将沿途的鱼群一网打尽。

因为气温的升高，白色的飓风在洋面上不断聚集，像巨大的风车，席卷着各个大陆，所到之处，树倒楼塌，一片汪洋之中，漂着人畜的尸体。同时，咸海在退缩，从一片波澜壮阔的内陆海，缩成了一洼污水，其余地方成了荒漠，一些船只搁浅在沙地里。

杨略的内心充满愤懑之情。

爸爸问道：“你肯定在想，人类多傻啊，居然会破坏这么美的星球，对吗？”

杨略点点头。

“一万个石器时代的复活节岛人，用简陋的石斧和石锄，短短几百年，就可以让家园陷入崩溃。现在的人类手段更先进，也更残忍，大自然就显得更加脆弱了。”

“人类如果这样做那实在是太愚蠢了。”

“只有人类会这样吗？”

“难道不是？”

“不，很多物种经过物竞天择，都成了极端的利己主义者。在复活节岛上，导致生态破坏的罪魁祸首是人类，但还有一个帮凶——老鼠。它们随着木筏来到小岛，在岛上完全没有天敌，于是迅速繁衍，一对老鼠，一年就能生出一支数十万的大军。想象一下，如果老鼠也拥有高科技，制服所有天敌，又可以通过药物延长生命，那将是怎样一幅画面。"

杨略似乎看到满地都是灰乎乎的老鼠，吱吱叫着乱窜，不禁不寒而栗。

"鼠口爆炸啊！"

"它们会啃光植被，耗尽资源。饥荒到来的时候，它们也会发生战争，也会鼠吃鼠，最终剩不下几只。"

杨略的脑海中忽然一片明澈。

"爸爸，你是不是想说，从自然竞争中幸存下来的物种，内心都充满危机感，只要有可能，都会大肆拓展领土，繁衍后代，根本不会顾惜其他物种的死活，更不会顾及大自然的承受能力。"

"的确如此。生物入侵就经常发生这样的事情，以至于生态被破坏。"

"那人类的末日不可避免了？。"

"肯定能避免！虽然人类拥有了前所未有的能力，摆脱了生存竞争，于是扩张领土，大肆生育，进而损坏了地球。但到了关键时刻，具备理性的现代人类开始反思，并且关爱万物，要寻找更好的生存方式，而不是盲目地奔向末日。"

三、养活人类，需要几个地球

杨略陷入了沉思，很久才说："爸爸，我们是不是真要做一块岩石，一动不动，才对环境没有影响呢？你看，吃饭要粮食、要锅碗、要火；外出要车、要油、要钢材；学习要纸、要墨、要灯；连睡个觉，都得消耗木材和棉花。更不用说我们还要旅游、看电视、玩手机，哪一项不得消耗大量能源呢？"

爸爸却笑了，走下台阶，到树林里去，指给他看那大树的叶冠，树下的蕨类，还有草丛中的蘑菇。

"略略，地球是活的，生机勃勃，每时每刻都生出大量的有机物，还有很强的净化和再生能力。只要在限度之内，我们当然可以尽情消费。”

“那，这个限度在哪里呢？”

“把全球生态足迹限制在全球生态承载力之内。”

两个极其陌生的概念，让杨略一时有些发愣。

“这是什么意思？”

“先说生态足迹吧。它是指要维持一个人、地区、国家或者全球的生存所需要的或者能够容纳人类所排放的废物的、具有生物生产力的地域面积。包括提供人类所消费资源所需要的生物生产性面积、基础设施所占用的土地面积以及吸收废弃物土地面积之和。”

爸爸像个机器人一样在背书。

杨略摇摇头。他觉得自己的文科生脑袋真是没用。

“还是不懂。”

“那说得再明白一点。拿个人来说，他的粮食消费量可以转换为生产这些粮食所需要的耕地面积，他所排放的二氧化碳总量可以转换成吸收这些二氧化碳所需要的森林、草地或农田的面积。因此它可以形象地被理解成一只负载着人类和人类所创造的城市、工厂、铁路、农田的巨脚踏在地球上时留下的脚印大小。它的值越高，人类对生态的破坏就越严重。你明白了吗？”

这下杨略彻底明白了，他的眼前出现了一只巨大的脚，从半空中落下来，重重地压在森林和草地之上，大地为之震颤不已。它留下的，是一个巨大的扁平脚印。

“那生态承载力呢？”

“它是指满足生态足迹需求的所有可用的可再生能力。”

“爸爸，你是不是想说，当人类这只大脚印比生态承载力小，那么生态危机就不会到来呢？”

“这种情况，叫作生态盈余。”

“我们现在还有盈余吗？”

“很不幸的是，从1976年开始，生态盈余就结束了，取而代之的是生态赤字。目前赤字不断扩大。[1]”

“那我怎么知道自己的生态足迹有多大？”

“计算公式非常复杂，不过有些网站制作了生态足迹计算器，你可以大概了解自己的脚印有多大。”

杨略拿出手机，登录了世界自然基金会的网站[2]，将自己在衣食住行中所耗费的物品一一输入，最后得出了计算结果：您的生态足迹为 1.1 全球公顷。如果地球人都像你这样，需要 0.52 个地球。

“爸爸，这是不是说明，我还算是环保的？”

“当然，你还是学生。等你参加工作，有了稳定收入，开上了汽车，买高档衣服，时常乘飞机满世界出差，生态足迹就大了。”

“那我必须严格自律，时刻绷着一根弦，不让生态足迹超标。”

“所有人都得自律，地球才有希望。可惜的是，富裕国家如阿联酋 10.7 全球公顷、卡塔尔 10.5 全球公顷、美国 8.0 全球公顷，可谓穷奢极侈。巴基斯坦最低，为 0.8 全球公顷。而且随着发展中国家经济条件的改善，人均生态足迹越来越大。如果长此以往，地球就被耗竭了。”

杨略听到这里，又有些心寒，用一种戏谑的口吻说：“人类得考虑星际移民了。”

“确实有人在动这个脑筋了。美国天文学家发现了太阳系之外第一个可以支持生命存活的星球，一颗名为‘格利泽 581g’的行星。”

“它将是地球的替代品吗？”

杨略不由兴奋起来。他看过许多科幻电影，从小到大，一直幻想着乘坐威武的飞船，在茫茫的宇宙中旅行。

“可问题是，它太远了，距离地球有二十光年。”

杨略顿时丧气了，二十光年啊，就算人类真的能到那里，还需要重建适合人类居住的生态环境，又不知得耗上多少年。

---

① 数据源于世界自然基金会《地球生命力报告 2020》。全球公顷：生态足迹和生态承载力的单位，指一公顷土地或渔业用地面积的全球平均生产力。

② 亲爱的读者，你可以登录世界自然基金会网站 http://www.wwfchina.org，查看一下你的生态足迹有多大。

“反正我这辈子是没指望了。”

“就算有指望，又能这样呢？只要人类不改变目前的生活方式，过不了多久，新的家园又会被耗尽。他们又开始寻找另外的星球。这将是人类未来的状态吗？”

“或许人类就是迫于生存压力，才开始宇宙航行的呢，就像当年的大航海时代一样。”杨略的脑海中，总有许多壮阔的想象。

爸爸知道他的想法，硬是要给他泼一点冷水。

“就算我们科技进步神速，某一天制造出以光速运行的航天器，可按目前的状况——资源衰竭加速、生态超载持续来看，人类能否等到那一天依然是个未知数。我想，只有道法自然，让人类的行为方式遵循自然的规则，精心照料我们的地球家园，设计出更好的城市、乡村，让人诗意栖居，身心和谐，才是我们目前最好的办法。”

四、在未来的乡村里漫步

和以前一样，场景在扭曲着变化，等稳定下来，杨略发现自己置身于一架小型的飞机上。飞机几乎是贴地飞行，透过窗口，看到了那么蓝的天，蓝得像矢车菊，蓝得像童话，白云很低，仿佛就在头顶，变化着各种形状。

他往下看，只见山岭起伏，河流曲折，是明亮的绿色和蓝色。偶尔可见几个乡村，依山傍水，隐没在绿色之中，只能看见几个屋顶。村落周边是农田，但不再是一整片的水稻或是玉米地，而是切成一块一块，各类庄稼果树间杂，错落有致，高低有序。中间有一个圆池，颜色却是棕褐色的，不知是什么东西。

爸爸解释说：“那是堆肥池，将粪便、树叶等堆在里面，掺进雨水，充分发酵后，就打开阀门，让肥料通过埋在田里的管道，直接渗进农田里去。”

“哦，这是有机肥。旁边那块地怎么空着了？你看，全是杂草！”

“那是在养地呢。”

“养地？”

“对啊，人工作久了，得休息一下。土地种上三四年，也得休息几年，长长草，养养虫，肥力慢慢恢复了，蚯蚓、蝼蛄把地也翻松了，光脚能踩出坑，脚趾间涌上细腻的黑泥，那才是好地，种什么庄稼都能有好收成。”

“那为什么要把庄稼混起来种呢，多麻烦啊！”

“这样可以不用农药。因为喜欢吃水稻的蛾子，却怕高粱的气味。吃玉米的蚜虫，又挡不住芝麻的独特分泌物。这真是相生相克，你看，自然界就是这么奇妙！”

杨略连连点头：“这叫生物防治吗？”

“这是其中一种。还有更奇妙的呢，你看到那片橘子园，那里曾有大量昆虫的肆虐，其中最猖獗的是蚜虫，它们吸食植物树液。当它们吸食光合作用的产物后，就破坏了果树结果实的能力。你要是看到满树都是昆虫，该怎么办？”

想到满树都是毛毛虫在蠕动，吸食树液，蚕食叶片，他不寒而栗。

“用杀虫剂喷啊。”

他一时觉得，端着喷雾器，就像端着机关枪一样，把杀虫剂猛烈地扫射过去，让毛毛虫纷纷掉落，也是特别过瘾的事情。

爸爸摇摇头。

“杀虫剂是能杀死蚜虫，但也把它的天敌瓢虫杀了。没了捕食者，怎么办？只能一次又一次喷洒杀虫剂。如果蚜虫产生抗药性，那就得更新杀虫剂。在这样的赛跑中，没有谁是赢家！况且，杀虫剂还会杀死蜜蜂与蝴蝶，没有它们传播花粉，果园就得绝收。用人工授粉？果园里起码有上亿朵花。另外，我们还没讨论杀虫剂的残留对人体的危害呢！”

“那该怎么办？”

“果农们听从了科学家的建议，从澳大利亚引入了129只瓢虫。大约一年后，瓢虫就清除了这些昆虫。”

“那瓢虫作为外来物种，会不会泛滥成灾？”

“不会。因为瓢虫以这些昆虫为食，所以捕食者和猎物相互制约，保持着数量上的稳定。”

“也就是说，那些害虫还是存在的？”

“对啊，果农必须要承受一定的损失。但这种损失，远远小于使用杀虫剂。”

“生态农业，原来有这么多讲究！”

飞机又往前飞了一阵，眼前出现了一个湖泊，正如一枚蓝宝石，镶嵌在青山之间。白云倒映其中，青山倒映其中，都变温柔了，渗透开去，将化未化，心里泛起缠绵的念头，是国画的笔法。旁边有许多小鹿，有些静静喝水，有些在蹦跳嬉戏。

爸爸说：“在这个时代，动物都交给大自然来管理了，它们就像在几万年前一样，在地球上自由迁徙。铁路和公路不会硬生生切断它们的家园了。你知道，一条铁路，看似不宽，却将原本一体的环境切成了一个个孤岛，除了鸟，其他动物不能往来，破坏了许多动物的生活规律。”

“那铁路和公路会消失吗？”

“不会，但增加了生物通道。你看——”

脚下一条高速公路，在树林中延伸，过不了多远，就会凌空架一座桥，桥下或是流水，或是树林，以供动物往来。公路遇到一座山，就穿凿而过。山上绿树葱郁，也是一个生物的走廊。

爸爸说：“人类居住在密集的城市里，其他的区域，除了乡村、农田和工厂，人类都不再去打扰。万类竞自由，于是生物多样性逐渐增加，一切都变得美好了。”

杨略不由地悠然神往。

五、生物多样性的价值

飞机在一处树林边上停下了。

爸爸走在前面，对杨略说：“接下来我们要探讨的，就是生物多样性的价值。”

他们走到丛林里去。在丛林边缘，杨略说：“爸爸，你好像已经说过了呀。什么保障生态平衡之类的。”

“但我还没有说生物的直接用途呢。目前大约 40% 的药品是从野生物种身上提取的。你知道，经过生命进化的长河，所有生物体经过基因突变和自然选择，无数次实验后，都能够分泌出一些化学物质，用来控制自身的癌变，消灭寄生虫，排斥捕食者。这种物质，常常可以用来给人类治病。”

“那现在生物制药，是怎样做的呢？”

“先发现有效的反应，再寻找相关的分子，提炼出来后，进行试验，如果有效，就用人工合成，大量生产，用于治病救人。”

说到这里，爸爸指着一棵大树的根部。

“你看到那个精美的生物了吗？”

在葛藤和枯叶之间，杨略看到的是一只蛙，黑色的皮肤上，点缀着橙、红、黄、绿构成的图案，在墨绿色的丛林里，显得鲜艳夺目。它在枯叶当中缓缓地爬行，即使他们走近了，也不慌不忙。

“这是什么蛙？”

“这是厄瓜多尔箭蛙，丛林中的毒王。它的背部能分泌毒液，这么一只小箭蛙，身上携带的毒素，足以毒死十个成年人。”

杨略倒吸了一口气，急忙往后退去，惊叹道：“越是漂亮精美的小东西，危险性越大啊。”

爸爸微笑着点点头。

“这也算生存法则之一吧。你看，它不仅精美，而且行动缓慢，很容易被捕捉，那说明它的毒性很可能是致命的。”

“唉。”

“也许你想象不到，在它的毒液的启发下，一种新的麻醉药得以诞生。而且和普通的麻醉药相比，它不会让人上瘾，对神经系统和呼吸系统毫无影响。”

“毒素也能做药啊？”

“印第安人一直用箭蛙的毒液制造毒镖，一点点剂量，就能让美洲虎、野猪迅速昏迷。科学家沿着这条线索，找到了箭蛙，从它的背上提取出一种液体，分离出毒素分子。在实验室里，科学家发现，老鼠服用少量的毒素后，镇痛效果是鸦片的两百倍，而且还不会上瘾。经过一番改进，一种新的高效麻醉药就此诞生。”

“这真是太神奇了。”

“谁说不是呢。试想一想，如果这片雨林已被砍伐干净，用作香蕉园或是稻田，那么这些箭蛙也将因为失去栖息地而灭绝。那这种新药就不可能诞生了。”

爸爸指着眼前茂密的丛林。

“谁也不知道，这当中蕴藏着多少良药。可惜，在我们真实的世界里，寻找天然药物是科学发展和物种灭绝的一项竞赛。随着更多的森林被砍伐，珊瑚礁变白并分解，情况变得越来越危急。”

“爸爸，你这样说，似乎保护生物多样性，不是源于敬畏生命，而是功利心的驱动啊。”

“对于住在丛林中的人来说，生存是第一位的，他们才不管什么生态平衡呢。如果能让他们从生物制药中受益，间接地保护自然，那就足够了。”

突然，杨略看着脚下有一群蚂蚁，正扛着一只苍蝇赶路。旁边的枯叶中，一只蜈蚣露了一下身影，让他有些害怕。

“的确是这样，很多人不知道生物多样性的价值，对于一些物种的消失，他们的反应往往是无动于衷。在高中生物课上，老师说要关心生物。有同学说，有什么好关心呢？谁在乎那些没用的小草小鱼？什么虱子草、螺镖鲈，听都没听说过！现在许多生物灭绝了，但我们照样活得挺好，没什么异样啊。”

爸爸仰着头，看高大的树冠上，停歇的一只鹰隼。

“普通人的感觉确实是这样。我们做这样的比喻，生态系统就像一架用铆钉装备的飞机，每个物种就是维持生态平衡的一个铆钉。有些铆钉用来固定机翼，因而比较重要。而有些铆钉似乎无足轻重，掉下个把也无关紧要，但如果相当多的铆钉脱落，飞机的损坏是迟早的事情。”

这样的比喻，让杨略非常信服。大局观念，这不是关心生态、关心未来的人所应当有的胸怀吗？

爸爸继续说：“物种的灭绝越来越快，生物圈岌岌可危，人类正大举消减生物多样性的宝藏。不远的将来，人类遭遇的最糟状况，并不是能源短缺、经济崩溃；发生小规模核战争，或是遭到强权国家统治。这些当然可怕，但它们几百年内就可恢复。可一旦摧毁天然栖居地，减损物种多样性，那才是难以补救的罪行！”

六、在未来的城市里深呼吸

飞机重新起飞，不多时，前方的地面上出现了一个奇异的图形。中间一个大圆，周边六个小圆，像卫星一般整齐分布，每个圆周边都有一圈白线，中间色彩斑斓。圆和圆之间，都有白线相连。其余的空隙，则全是绿色。

爸爸说："这就是未来的生态之城，当中是中心城市加上六个卫星城市，把一个大都市分解开来，避免摊大饼现象。"

"现在这样，不是摊得更开了吗？"

"每个小城都各自为政，因为高楼林立，居住紧凑，所以上班地点都很近，靠步行骑自行车就可到达。想去另一个小城，可以搭乘轨道交通。小城之间的绿地上，有山、有水、有林，保证空气的清新和风景的秀丽。而城市的旁边，则是大片的农田和果园，收获起来，直接供给城市，不再需要长途运输。汽车用得越来越少。"

"真是太棒了！"

"好了，我们下去近距离看看吧。"

飞机很轻盈，在一个卫星城市边上缓缓降落。走出小机场，边上就有自行车租赁，他们各骑上一辆。

机场外是大片的麦田，在阳光的照耀下异常青翠，放眼远望，云彩、小鸟、肥沃的土地尽显眼前，似乎走进了一个大乡村。

往前骑了不远，就看见了城市。边缘是环形车道，跨过车道，就进入小城了。

城市边缘是两三层楼为主，往前走三四个街区，出现了五六层楼，街道上也明显热闹了些。他们看到了一个较高的错层建筑，上面的阳台和露台依次递减，这是一个三维的、复合设计的体育馆。周围好安静，没有汽车的喧嚣声。楼上的人可以斜靠在阳台上，与下面的人谈话，而不必担心谈话声会被汽车的轰鸣淹没。

各种高层的建筑，通过天桥、廊道有机地连接在一起，楼顶、阳台、窗户上种着植物。几株水杉挺出屋顶，枝叶摩擦着浮云。水果、浆果和鲜花，吸引着蜜蜂、蝴蝶和各种鸟类。屋顶有风车、太阳能装置，温室反射的光，在树枝、灌木丛和藤蔓中闪烁。向日葵在楼上对他们点头。

小城中间有一条小河，清澈地流淌而过。几道拱桥跨越其上。桥边是一片空地，布置了许多长椅。许多市民在那里晒太阳，聊天。小孩在喂鸽子。鸽子不怕人，扑啦啦展开翅膀，飞了一段，息羽在小孩的胳膊上，啄食他手里的玉米粒，逗得小孩咯咯直笑。

杨略他们停下车子，感受到那种温馨的气氛。

爸爸说："在未来的城市，这样的开放空间越来越多，就像古希腊的广场一样，吸引不同的人群聚在一起，感受交流的快乐，并培养出一种宽容、智慧、共有、互相尊重的气氛。"

杨略看到一些年轻人聚在一起，似乎在争辩什么，声音有些激越，但表情都是轻松愉快的。而在他的学校里，大家都忙着准备考试，这样的辩论、思维碰撞，是很少见的。他内心有些怏怏地说："在这里，或许会冒出许多个苏格拉底呢。"

他们上了小桥，往前骑行了一段，就出了卫星城。进入了通往中心城市的干线。一座天桥飞架，铁轨上磁悬浮列车在飞速驶过。他们并不着急，于是缓缓骑车，看看路上的风景。这里又像进入了农村，果园、农田、树林，随处可见。这时，一个奇怪的建筑吸引了杨略的注意。

看上去像是脚手架，搭了约有百来米高，里面却没有什么建筑，而是一层一层的杂草，藤蔓在上面攀爬垂挂。

爸爸说："那是真正的鸟巢。"

果然，许多鹞鹰、燕子、乌鸫在旁边飞行，不时落到架子上，躲进草丛里，像进入了一个安心的港湾。

杨略不由赞叹："这真是一个别致的设计。"

"这些鸟经常去城市里做客，不仅能除去蚊蝇，还能成为一道美丽的风景。"

很快，他们就到了中心城市。这里高楼林立，是政治经济的核心所在，因而颇为壮观。不过，和杨略习以为常的大厦不同，这里的建筑不仅有斜坡，像金字塔一样，表面还凹凸不平，像许多抽屉被拉出来，没有推回去，并且从头到脚都种了葱郁的树木，可以称得上一小片森林了。

杨略问："大楼之间有那么多天桥？"

"在这些高大的建筑物上，每隔五层，就会有天桥相连。这是便于市民往来，去另一幢楼，不必上楼下楼，从而节省大量时间。"

他们忽然听到瀑布的声响，并且还有包含水分的凉风袭来，让杨略一时置身于山林之中。

"这是什么声音？"

"瀑布啊。"

"怎么可能？顶多是喷泉吧？"

他们拐了个弯，眼前果然出现了一挂瀑布，从一幢大楼的六七层楼上倾泻而下，跌入楼底的水池里，水雾弥漫开来，在正午阳光的照射下，甚至出现了一道彩虹。

"真是不可思议！"

"这个瀑布是个宏伟的设计，当然费了些能源，但夏天的时候，水雾净化了空气，还给周围的建筑降温，省下了大笔的空调费呢。"

杨略的心里畅快极了，深深地吸了口气。一时有些错觉，眼前这些绿色的建筑，似乎与钟鼎形的山丘，与远处的山脉，以及山脉上堆积的白云，都是那么和谐。

正在这时，一片阴影在街道上蔓延开来。是乌云翻卷而来吗？举头一看，是一大群飞鸟经过城市上空。那么多翅膀一起拍打。所有的人都仰起了头，脸上挂着幸福的笑意。

"略略，你现在看到的，还只是表面的风景呢。一个生态城市得以实现，关键还在于看不见的地方，比如能源的利用，管道的铺设，废物的循环利用，等等。"

"能仔细说说吗？"

"比如这座大楼，"爸爸指着刚才他们驻足很久的大楼，"这就是生态设计的杰作。外墙和顶部是太阳能板，楼下有吸收地热的热泵，提供建筑内能源需求。大楼到处有通风设计，植物可以隔热。整幢大楼冬暖夏凉。楼内还配有雨水和家庭废水的收集系统，用来灌溉植物，以此节省淡水资源。此外，居民的排泄物、有机废弃物和树木的枯枝落叶，经过细菌发酵，产生甲烷，用于照明、煮饭。而燃料的副产品就是植物的肥料。如此循环利用，大楼就模仿着生态系统。其实，整个城市都是这样的。”

“真是太完美啊！”

“不仅城市如此完美，连工厂也实现了生态化。你知道，在以往的工厂里，只有一部分原材料变成产品，其余的就成了危害人类生存的污染物。而在生态产业园，不同行业相互交叉，上一级的排出物成为下一级的生产原料，从而实现物质的再生循环，实现整个系统的零排放。”

“看来，所有人类目前存在的生态问题，都可以从大自然中寻找到解决的方法，对吗？”

“确实如此。生态城市、乡村、工厂的智慧，就是生态仿生。人向大自然学习，就可以达到与自然和谐共存的境界。演化了几十亿年的大自然，其宏观的生态系统，永远都是人类的老师啊。”

杨略站在城市的广场上，从两座大楼之间，看到了远处则是起伏的山脉、碧蓝的天空。周围都是人的欢笑，没有机械的嘈杂，空气中夹带着青草味儿、雨水味儿，一起扑面而来，仿佛要渗入皮肤，顿时无处不舒适。

闭上眼睛，似乎身体已不存在，一并融入空气中去了。然后深深呼吸，浑身的触觉集中在鼻腔上，感觉清冽的空气从这里经过，顺着气管缓缓灌满双肺，再散入四体百骸。再睁眼，但觉耳聪目明，身心俱宁，眼前的蓝空白云，也更添一番明丽气象。

连普通的一次呼吸，在这里都成了无与伦比的享受。

然而，他内心里还有无数的疑虑。觉得眼前这一切，或许只是一些美妙的幻景。

“爸爸，这一切真的会到来吗？”

“一定会的，因为人类别无选择。或许是因为能源耗尽，人类遭受巨大的灾难，然后才痛改前非。或许是人类看到了严重后果，现在就幡然悔悟，用理性来指导自己，进入可持续发展。”

“你这么相信人的理性吗？”

“必须相信！”

杨略也点点头。

爸爸继续说：“世界的现状，是一种危机。但对于年轻人而言，也是一种机遇。如果我们将个人的成功与世界的前途融为一体，那么，在建设生态文明的努力中，我们的生命将焕发出夺目的光彩。而一些生活的小挫折，在这种大事业面前，会显得微不足道的。”

讲到这里，爸爸退出了程序，回到了书房中。他消瘦的脸上，有种如释重负的感觉。

“爸，我先去给你倒杯水，你得吃药了。”

杨略走出书房，忽然发现，客厅里非常整洁。沙发上一无所有，地板也极清洁。而之前沙发上还凌乱地放着杂志、毛巾，地上摆着背包和鞋子。走进厨房，发现里面也过于干净了，什么都是一尘不染、光洁如新，冰箱上的小贴士不见了，水池边的钢丝球、小毛巾，也都没了踪影。

“妈妈的手脚可真快啊。”

他念叨着，给爸爸倒好了杯水，又回到书房，忽然意识到，爸爸身上的衣服也换了。他记得，进入醒客世界之前，爸爸穿的是咖啡色条纹睡衣，而现在却是藏青夹克衫，换得可真快。当然，也可能是他记错了。

他这样想着，就把水递过去，让爸爸把药也吞服了。

这时，窗外响起一阵小孩子叽叽喳喳的声音。杨略走到窗口，只见楼下的幼儿园里，孩子们一个牵着一个，正在做游戏。他们都穿着毛衣，粉红色的、橘黄色的……像一个个小太阳，让人情不自禁地想要烘烘手。

“爸爸，你来看……”

他希望这种美好的画面，能让爸爸觉得身心一快。

可是爸爸却没有回应。

杨略回过头去，只见爸爸弓着腰，捂着肚子，脸上肌肉扭曲。他惊呼一声：“爸爸，你怎么了？”

爸爸的身子从长椅上滑下去。

“快，快叫妈妈。”

杨略赶紧将他扶起来，只见他面如白纸，额头上流淌着大滴大滴的汗水，显然是忍受着巨大的痛楚。

“妈妈，爸爸肚子疼了！”

杨略将爸爸抱到床上。爸爸高大的身躯，居然变得这么轻，像一把干柴，还在不停地燃烧。

在游戏里，爸爸一直神采奕奕，谈笑风生，东奔西走，加上杨略的内心不愿相信爸爸得了重病，似乎已忘记爸爸时刻都会陷入危险。直到此刻，他忽然意识到，爸爸可能真的不行了。

或许，之前爸爸每次的突然消失，都是因为腹痛难忍……

杨略的眼泪一下子涌了出来，喃喃地说：“爸爸，你要坚持住，你的课还没有上完呢。”

第十课

诗意栖居在这个世界上

一、爸爸在病痛中的坚持

时间一天天过去，爸爸一天天憔悴。脸上、身上，都瘦得皮包骨头，几天前脸上偶尔还会有些神采，现在是半点也找不到了。

他时常忽然感觉胃部一阵一阵的剧痛，闹得整天整宿呻吟，脸色越来越苍白，并开始泛出淡淡的黄色，最后连眼珠子也黄了，额头上时常大滴大滴地淌汗。

杨略和妈妈送他去了一趟医院，医院的诊断是，癌细胞之前曾受抑制，现在又在腹腔内蔓延开了。

妈妈哭成了泪人。

医生问："是不是老杨最近有点劳累？"

一听这话，杨略如遭雷击。还能因为什么？就是因为爸爸在给他上课啊。爸爸的身体，已经不允许这样高强度地上课了。他心里全是自责，脸色苍白，张了张嘴，断断续续地发出连自己也觉得陌生的声音："那……我爸，我爸……还有多长时间？"

他就想着，最后的时间，一定要让爸爸静养。

医生说："我想，最多也就半个月左右吧。"

半个月，只有半个月，病床上的爸爸就将永逝，肉体化为乌有，生死茫茫，再也不能相见。

爸爸知道了实情，倒也还算平静，只说了一句话："这一天终于要来了。略略，只可惜，我还没有给你上完课呢……"

杨略握着他的手，之前一直强忍着的眼泪，顿时哗哗流淌。

"你不会有事，会好起来的。"

"对，一定会好起来的。我们回家吧！"

回到家里，爸爸时常遭遇胃痛的袭击。这种痛楚，时常是突如其来，让他痛得直不起身子，蜷缩在床上像一只虾，才稍微舒缓一些。但过不了一会儿，又开始钻心地痛。

杨略实在不愿看到爸爸受罪。

“爸爸，注射一点吗啡，好吗？”

爸爸说不出话来，过了几分钟，他翻过身来，看上去似乎好一些了，靠在床上，摇摇头说：“不了，吗啡注射多了，头脑会变昏……我还有一堂课要上完呢。”

“爸爸，你还在惦记着上课啊，身体要紧……”

“我的身体我有数。再撑一会儿吧，一天顶多注射两次，多了就不行了。”

可是爸爸的疼痛，平均每半小时就要来袭一次，之前每次持续五分钟。后来，持续的时间越来越长了。

“略略，那个游戏会有记录，以后你再次登录，就能看到我了。所以我要养足精神，给你留下完整的十堂课！只要十分钟的头脑清醒，我就可以完成……”

原来爸爸还有这层用意，杨略深深地被感动了。

“我知道了，爸爸，你先休息一会儿吧。”

爸爸才闭目养神了一会儿，疼痛就又来了。这一次比以往每次都要剧烈。他示意杨略将他扶着坐起来，将头垂下去，垂到膝盖，把身体折成了一个“6”字形。又过了一阵，他又换了种姿态，跪在床上，头抵住枕头。但没有一个姿势能缓解痛楚。

到了晚上，他实在扛不住了，妈妈就来注射止痛针，让他能稍微睡上一会儿。而半夜，他又要痛醒来。

杨略在旁边支了张小床，朝夕服侍着他，但对于爸爸的苦楚，他无能为力，只能躲在一旁偷偷抹泪，他甚至想让时间早些过去，把这一切惨事都抛在忘川里。

二、天地银装素裹，为爸爸送行

在一个早晨，妈妈在厨房煮饭。杨略在小床上睡觉。等他醒来，发现爸爸躺在床上，微笑地看着他，精神似乎不错，脸上甚至有些红润。床上放着简易电脑桌，笔记本还闪着光，爸爸刚才做什么呢？

“略略，下雪了。”

“啊！”杨略翻身而起。不知何时开始，外面竟纷纷扬扬下了一场大雪。明亮的雪光照进房间，让他心里一时也豁然开朗了。

“爸爸，你今天好些了吗？”

“是啊，你扶我一把。”

杨略将爸爸扶起来，还在他身后垫了几个大靠枕。

爸爸的脸还是那样憔悴，看着窗外飘落的雪花，吃力地笑着。高楼的屋顶上已有积雪，变得纯洁可爱。窗口那棵枫香的树枝上，也卧了一层白色，看上去软茸茸的。更多的雪花在风中飘转着，像无数只小小的天鹅，飘飘扬扬，无声无息，洒落在大地上。

“真美啊。好想出去走走，和你打个雪仗啊。”

爸爸的脑海中，一定浮现了许多往事。那一年，也是这么大的雪，父子俩在雪地里追逐。顽皮的杨略将雪球塞进爸爸的领子。那些笑声，似乎在房间里不停地回响。

杨略忍住眼泪。

“爸爸，你等着，我去拿一些雪回来。我们在家里玩雪仗！”

妈妈听到声响，从厨房里喊了一句：“略略，多穿点！”

杨略随便穿了件大衣，来不及戴帽子，拿了个脸盆，套上靴子就跑下楼去。五分钟后，他气喘吁吁，端着一盆白雪回来了。

可是——

他看到爸爸的头倒在肩膀上，眼睛紧闭，嘴角挂着一丝笑意。妈妈的脸埋在他身上，不住地抖颤，像风中一棵无助的芦苇。

哐当一声，脸盆掉到地上，雪花泼出来，满地的雪白晶莹。

爸爸……走了吗？

天地间银装素裹，是为他送行的吗？

杨略的身体似乎已经不在了，像一个游魂一样，每一脚都踩在虚空里，慢慢地飘到爸爸身旁，一时竟没有眼泪，只是絮絮叨叨地说：“爸爸，你的课，还没上完呢！”

他忽然意识到，从此以后，爸爸将与他阴阳两隔。当他想爸爸了，需要爸爸了，满世界去找，却再也看不到他的身影。当他回到家，在空荡荡的房间里，感到无比的孤单，大喊一声："爸爸。"只有声音在墙壁上撞击，回荡，那样悠长，那样凄厉，却再也没有一个人回应，再也没有一个人迎向他走来，满脸微笑，亲昵地摸一下他的头。

不，不，这一切都不会发生。爸爸只是累了，睡了，过会儿就要苏醒，并且恢复健康，神采奕奕，拉着他的手，在真实的世界里行走，给他讲述人生和自然的大道理。而他呢，将爸爸视为哥们，与他争论天下大事。

"爸爸！"

身后响起了巨大的声音。

杨略一回头，是妈妈瘫倒在地板上，不省人事。

三、爸爸的最后一课

爸爸信守了诺言，把最后一堂课上完了。只是，杨略没有想到，最后一堂课，竟然是在追悼会上。

在整理爸爸遗物的时候，杨略把笔记本电脑拿到了书房。电脑没有关，从打开的网页上，杨略发现一封刚发送的邮件。这是爸爸临终前发的，会是什么内容呢？可发信箱里没有保存。

在桌面上，他发现了一首诗，是爸爸写的，他一行一行读下去，眼泪蓄满了眼眶，然后无声地流淌。

在告别会上，爸爸的相片挂在当中，而身体则安静地躺在洁白的花丛里。他的朋友们来了，许多读者也闻讯赶来了。灵堂里站满了人，却一片静穆，只有哀乐一遍遍重复，催人泪下。

爸爸的生前好友赵优优主持了告别会。

他今天难得的一脸肃穆，在爸爸的遗体前鞠躬三次，走到话筒前，拿出了一迭纸。

"今天的告别会将与众不同。昨天，我收到了杨启清先生的邮件。他已写好了告别词，要借我之口告诉大家。同时，他还让我告诉杨略，爸爸没有食言，今天他要给你上最后一课。”

杨略这才明白，原来爸爸打开电脑，就是写了这封信，还有这首诗。而这一切，都是为了兑现承诺。现在，爸爸圆满了，再无遗憾了。

赵优优念起了告别词——

各位亲友：

谢谢你们的到来。

先讲一个故事吧。老聃死后，好友秦失来吊唁，仅仅哭了三声就出来了。弟子们觉得他过于冷漠。秦失说：“过分悲痛是违背天道。先生来了，是时机到了；先生去了，是顺应变化。天地给他形体，赋予生命来劳动，用衰老来让他安逸，最后用死亡来让他休息。如果能顺应自然，不悲不喜，生命就超然于物外，心灵得到了逍遥。”

各位亲友，尤其是我的儿子，杨略，我想对你们说的是，我度过了充实的一生，现在天地既然让我休息，那我就休息吧。

在年轻的时候，我还算努力，发挥了才能，取得了一些成就，于是感觉到成功的快乐。但是，死亡会让一切成功都微不足道。于是我开始寻找更高层次的快乐，那就是理解死亡的含义，进而消除恐惧和忧虑，得到心灵的安宁。我想，世上确实有一种人，看透了生死，心灵不受外界左右，于是达到了至乐。他们体会人间的美好，看到万般的风景，诗意而幸福地栖居在地球上。

我想，病痛是一种磨炼，让我领悟了一切。所以今天，我想我得到了这种宁静。昨天晚上，我躺在床上，写了一首诗，表达了自己的体悟。今天，我把这首诗送给大家。

当我走了，肉体是个智者
理解一切而保持沉默
肌肉不再肆意地涌流
凝成一座结实的山丘

当我走了，不要奏起哀歌
让风从墓园轻轻吹过
这丰美而易朽的肉体
静静地躺在黑暗的大地

正如若干年前，这具肉体
从另一个未知的地域
被一双手埋进光明的空气
又被另一双手轻轻托举

那时，有人欢笑而我哭着
此刻，有人痛哭而我沉默
我记起一切，然后全部忘记
大地的子宫，正微微隆起

所以，我请大家不必难过，因为我没有离去，只是散成无数片段，留在世间，留在你们的记忆里。你们只要一想起我，我就复活，与你们谈笑。或许，我将在另一个世界出生，开始新的美好生活。一切都很好，我心满意足，深感幸福。

再见吧，我深深爱着的人们。

再见吧，我深深爱着的世界。

你们最真诚的
杨启清

听着赵优优念着爸爸的诗，杨略回忆着爸爸的一切，他的耳边又回荡着爸爸的声音，似乎他正在深情地朗诵，脸上挂着温和的笑容。

杨略这样想着，不自觉地泪流满面，却又微微地笑了。他内心的阴翳散去了，透进灿烂的金光。他似乎看到爸爸沐浴在金光之中，一切劳累、困惑、病痛，一切沉重的坠子，都化为轻烟而去。爸爸的灵魂熨帖了，酥软了，轻灵了，缓缓地升向空际，看着周围的亲友，脸上绽开了笑容，这笑容里透出爱与善的光芒。

四、此生未完成

杨略昏昏然醒来，一时忘了身在何处。他揉揉眼睛，发现眼窝里聚着泪水。晃了晃脑袋，才发现自己正躺在椅子上，头上沉甸甸的，一摸，有金属的冰凉，原来是传感器头盔。

“略略，你醒了？”

是爸爸的声音。杨略猛然一惊，坐了起来，发现自己正在爸爸的书房里，奶酪色的阳光透过窗棂，落在墙上、书架上，也落在一个人的身上。阳光太强烈了，他一时有些眼花，不由用手掌挡了一挡，才看清了眼前的人正是爸爸。不过，在阳光的照射下，爸爸显得有些缥缈，如同一个幻影，看不真切。

“爸，爸，是你？”

他有些眩晕。因为刚刚才在殡仪馆里将爸爸送走，现在怎么又出来一位？莫非，这是鬼魂？可是，这青天白日的……

爸爸坐在他旁边，脸上带着微笑，依然很瘦，但眼眸子里却颇见神采。

“略略，你醒来了？”

他特意将“醒”字说得重了一些，又握住了杨略的手。

“爸，你……没有死？”

爸爸的笑意在脸上荡漾，点了点头。

“可刚才……”

爸爸用手指了指头盔。

杨略一下子醒悟过来。

“我之前看到的，全都是梦境？”

“不错，是课程的一部分。”

“可我一直以为是真的。我都区分不出，哪里是梦境，哪里是现实了。”

“其实，我们之前谈话的时候，你以为我退出了程序，其实并没有，我们一直在醒客世界里呢。”

“难怪了，难怪了……”

杨略兴奋起来，坐不住了，跳起身来。难怪他走出房间去倒开水时，发现客厅里特别的整齐，之前的杂志啊毛巾啊衣物啊全都不见了。原来，爸爸设计程序的时候，根本不可能顾及所有的细节嘛。他顿时全都明白了，阳光在他身上闪闪烁烁。

“也就是说，你痛得直打滚的样子，你离开我的样子，都是假的？”

“为了加深印象，我就演得逼真了些。”

“那你现在，身体全好了吗？”

“说不上全好，但身体一天天在复原。你说，我好不容易顿悟了幸福的真意，还不得多活上几年啊？”

杨略一时说不出话来，呆呆地看着爸爸，忽然就大笑起来，感觉浑身有种难以言说的放松，就像春日里沐浴着暖风，关节一寸一寸都舒展了，熨帖了，无比舒适了。可笑着笑着，他的眼泪却难以自禁地流淌出来。他也不去擦，就听任眼泪滑过脸颊。爸爸也笑了，那声音像是音乐，像是久旱后的甘霖。

默默地，父子俩紧紧拥抱在一起，像是经过了一场生死浩劫，亲人重团聚，说不尽的唏嘘与快慰。他们也分明地知道，未来的时光一寸一寸，都是钻石般贵重了。